（b）

图1-22
BJ 技术3D打印的物件

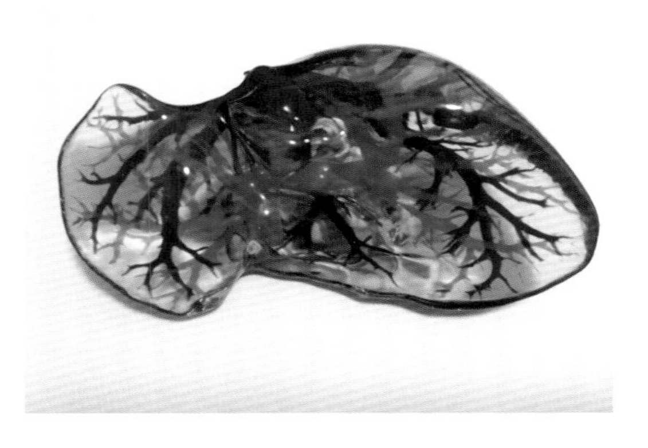

图2-3
喷墨光固化成型的彩色透明器官模型

图2-10
采用PPSU/PPSF材料打印的热水壶罐体

图2-14
低熔点PCL线材是儿童3D打印笔的最佳原料

图4-7
3D打印的陶土制品（经上釉烧结）

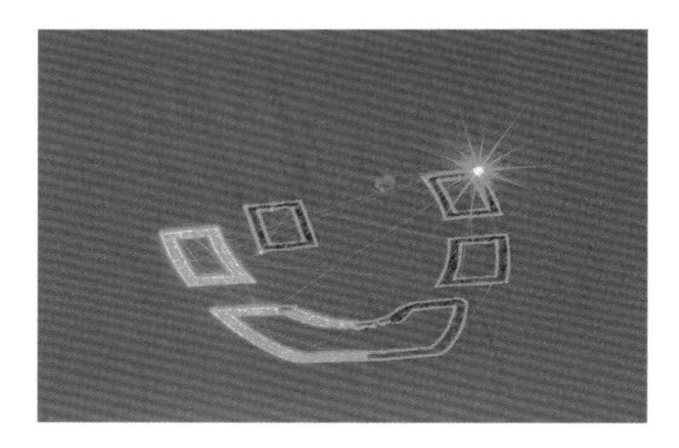

图6-27
采用绿光光纤激光器实现了高品质铜构件的SLM 3D打印

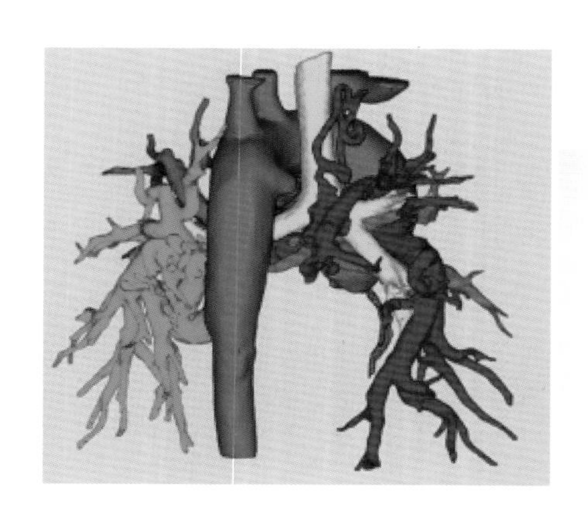

图6-32
心脏的三维结构重建和3D打印实体模型

《“中国制造2025”出版工程》
编　委　会

“中国制造2025”
出版工程

“十三五”国家重点出版物
出版规划项目

3D打印材料

杜宇雷 编著

化学工业出版社
·北 京·

内容简介

材料作为3D打印的物质基础，在3D打印技术链、产业链和价值链中均具有重要地位和作用。本书在叙述3D打印技术基本知识的基础上，全面、详细地介绍了高分子材料、金属材料、无机非金属材料和复合材料等3D打印材料的种类、形态、结构、性能、制备方法和典型应用。同时，结合作者的研究经验和理解，对3D打印材料、技术和应用的发展趋势进行了分析和探讨。

本书内容丰富，图文并茂，理论与实践相结合，实用性较强，可作为3D打印相关行业技术人员、管理人员和政府产业经济决策人员等的专业参考书籍，也可供相关专业师生阅读。

图书在版编目（CIP）数据

3D打印材料/杜宇雷编著.—北京：化学工业出版社，2020.12(2022.2重印)

中国制造2025出版工程

ISBN 978-7-122-38199-6

Ⅰ.①3… Ⅱ.①杜… Ⅲ.①工程材料 Ⅳ.①TB3

中国版本图书馆CIP数据核字（2020）第245781号

责任编辑：曾 越　　装帧设计：尹琳琳

责任校对：王素芹

出版发行：化学工业出版社（北京市东城区青年湖南街13号 邮政编码100011）

印　　装：涿州市般润文化传播有限公司

710mm×1000mm 1/16 印张10½ 彩插1 字数190千字 2022年2月北京第1版第2次印刷

购书咨询：010-64518888　　售后服务：010-64518899

网　　址：http://www.cip.com.cn

凡购买本书，如有缺损质量问题，本社销售中心负责调换。

定　　价：69.80元

序

制造业是国民经济的主体，是立国之本、兴国之器、强国之基。近十年来，我国制造业持续快速发展，综合实力不断增强，国际地位得到大幅提升，已成为世界制造业规模最大的国家。但我国仍处于工业化进程中，大而不强的问题突出，与先进国家相比还有较大差距。为解决制造业大而不强、自主创新能力弱、关键核心技术与高端装备对外依存度高等制约我国发展的问题，国务院于 2015 年 5 月 8 日发布了“中国制造 2025”国家规划。随后，工信部发布了“中国制造 2025”规划，提出了我国制造业“三步走”的强国发展战略及 2025 年的奋斗目标、指导方针和战略路线，制定了九大战略任务、十大重点发展领域。2016 年 8 月 19 日，工信部、国家发展改革委、科技部、财政部四部委联合发布了“中国制造 2025”制造业创新中心、工业强基、绿色制造、智能制造和高端装备创新五大工程实施指南。

为了响应党中央、国务院做出的建设制造强国的重大战略部署，各地政府、企业、科研部门都在进行积极的探索和部署。加快推动新一代信息技术与制造技术融合发展，推动我国制造模式从“中国制造”向“中国智造”转变，加快实现我国制造业由大变强，正成为我们新的历史使命。当前，信息革命进程持续快速演进，物联网、云计算、大数据、人工智能等技术广泛渗透于经济社会各个领域，信息经济繁荣程度成为国家实力的重要标志。增材制造（3D 打印）、机器人与智能制造、控制和信息技术、人工智能等领域技术不断取得重大突破，推动传统工业体系分化变革，并将重塑制造业国际分工格局。制造技术与互联网等信息技术融合发展，成为新一轮科技革命和产业变革的重大趋势和主要特征。在这种中国制造业大发展、大变革背景之下，化学工业出版社主动顺应技术和产业发展趋势，组织出版《“中国制造 2025”出版工程》丛书可谓勇于引领、恰逢其时。

《“中国制造 2025”出版工程》丛书是紧紧围绕国务院发布的实施制造强国战略的第一个十年的行动纲领——“中国制造 2025”的一套高水平、原创性强的学术专著。丛书立足智能制造及装备、控制及信息技术两大领域，涵盖了物联网、大数据、3D 打印、机器人、智能装备、工业网络安全、知识自动化、人工智能等一系列核心技术。丛书的选题策划紧密结合"中国制造 2025"规划及 11 个配套实施指南、行动计划或专项规划，每个分册针对各个领域的一些核心技术组织内容，集中体现了国内制造业领域的技术发展成果，旨在加强先进技术的研发、推广和应用，为"中国制造 2025"行动纲领的落地生根提供了有针对性的方向引导和系统性的技术参考。

这套书集中体现以下几大特点：

首先，丛书内容都力求原创，以网络化、智能化技术为核心，汇集了许多前沿科技，反映了国内外最新的一些技术成果，尤其使国内的相关原创性科技成果得到了体现。这些图书中，包含了获得国家与省部级诸多科技奖励的许多新技术，因此，图书的出版对新技术的推广应用很有帮助！这些内容不仅为技术人员解决实际问题，也为研究提供新方向、拓展新思路。

其次，丛书各分册在介绍相应专业领域的新技术、新理论和新方法的同时，优先介绍有应用前景的新技术及其推广应用的范例，以促进优秀科研成果向产业的转化。

丛书由我国控制工程专家孙优贤院士牵头并担任编委会主任，吴澄、王天然、郑南宁等多位院士参与策划组织工作，众多长江学者、杰青、优青等中青年学者参与具体的编写工作，具有较高的学术水平与编写质量。

相信本套丛书的出版对推动"中国制造 2025"国家重要战略规划的实施具有积极的意义，可以有效促进我国智能制造技术的研发和创新，推动装备制造业的技术转型和升级，提高产品的设计能力和技术水平，从而多角度地提升中国制造业的核心竞争力。

中国工程院院士 潘云鹤

前言

3D 打印（增材制造）作为一种先进制造技术，是以机械工程为核心，同时涵盖材料、机电控制、光电信息、数字建模等在内的典型的多学科交叉技术。在其发展早期，从事 3D 打印研发的大多以机械工程领域的专家为主，其研发工作抓手是开发和优化 3D 打印设备。而 3D 打印所具有的“材料—打印—成型”的短流程加工特点，使得材料在 3D 打印中占有非常重要的地位。3D 打印中面临的一些工艺难题往往从材料优化入手更容易得到解决。因此，随着 3D 打印的深入发展，近年来，越来越多的材料领域的专家学者开始加入 3D 打印的研发。3D 打印材料和打印设备的紧密结合，推动了 3D 打印的蓬勃发展。

笔者长期从事材料科学的研究与教学工作。2013 年，在开展非晶合金粉末的研发中，开始逐步介入 3D 打印领域。从最初研制用于制造 3D 打印专用细粒径球形金属粉末的气雾化制粉设备开始，又相继研制了适用于高活性金属的无坩埚感应熔炼气雾化制粉设备、超音速气雾化喷嘴、熔炼和保温坩埚等，并在此基础上开发了钛合金、钛铝合金、锆合金、高温合金、高强铝合金、铜合金、贵金属合金、非晶合金、高熵合金等一系列可用于 3D 打印的新型金属粉末材料。在上述新材料的开发中，针对 3D 打印的工艺特性，对合金成分进行了基于微合金化的改性优化，增强了可打印性，取得了良好成效，也进一步证实了从材料入手是解决一些难成型材料 3D 打印的有效途径。此外，还针对 FDM 3D 打印机所使用的高分子线材，优化了基于单螺杆挤出设备的专用生产线，并结合材料改性，开发了多种高精度、高性能的改性高分子线材。在从事上述研发工作中，笔者积累了较为丰富的实践经验，既有成功，也有失败，对 3D 打印的认识和理解也不断加深。本书总结了笔者对 3D 打印的认识及这些年所积累的经验，希望能让读者对3D打印有更全面、更深入的认识。

本书共分6章：第1章为绪论，讲述3D打印技术的起源和工艺原理、主要技术类型和优势，并归纳总结3D打印材料的特点；第2章主要介绍3D打印高分子材料的形态、种类和制造技术，并举例说明3D打印高分子材料的典型应用；第3章主要介绍3D打印金属材料的形态、种类、制造技术和评价方法，并举例说明3D打印金属材料的典型应用；第4章主要介绍3D打印无机非金属材料的形态和种类、所使用的3D打印技术方法，并举例说明3D打印无机非金属材料的典型应用；第5章主要介绍复合材料的定义和类型，复合材料的传统制造技术和3D打印技术；第6章分别从3D打印技术、3D打印材料和3D打印应用三个方面分析了3D打印的发展趋势。

本书在撰写过程中，笔者课题组的研究生王茂松、苏艳、杨龙川、吴迪和刘丙霖等在资料搜集和部分内容的写作上做了一些工作，在此表示感谢。同时，本书的相关研究也得到了国家自然科学基金（NO. 51571116）和江苏省重点研发计划（NO. BE2019066）的资助，在此表示衷心的感谢。

当前，3D打印的发展日新月异，新的材料、新的打印技术与工艺、新的应用不断涌现。由于时间、篇幅以及笔者水平的限制，书中难免存在不妥之处，敬请广大读者批评、指正。

Email: yldu_njust@njust.edu.cn

杜宇雷

目录

中国制造
2025

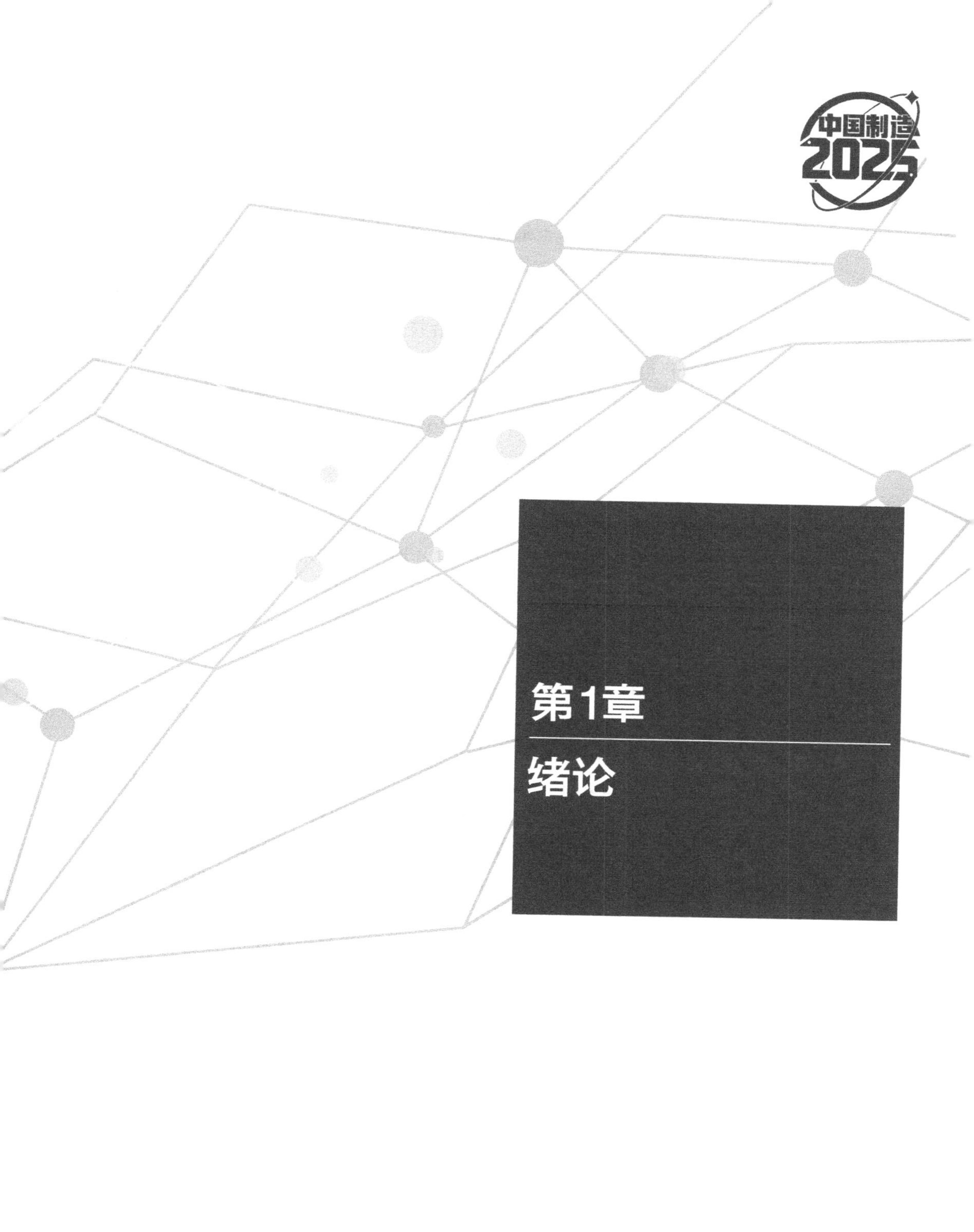

第1章

绪论

3D打印是依据实体构件的三维数字模型，采用物理、化学、冶金等技术手段，通过连续的逐层叠加材料的方式制造三维实体物件的快速成型技术。3D打印在学术上通常称为“增材制造”，与传统加工制造工艺中的“减材制造”（如车、铣、刨、磨等机加工）和“等材制造”（如铸造、焊接、锻造等）相对应。3D打印融合了数字建模、机电控制、光电信息、材料科学等多学科领域的前沿技术，代表了先进制造业发展的方向。当前，世界主要工业强国都把3D打印作为新的技术和产业增长点进行培育。例如，3D打印被列为美国“重振制造业”和德国“工业4.0”计划的核心技术之一。“中国制造2025”规划也把3D打印作为实现传统制造向智能制造升级的核心技术之一。3D打印产业链主要包括原材料、打印设备、打印服务和应用等环节。其中，材料是3D打印的物质基础，在3D打印产业价值链中所占有的比重超过1/3。由于3D打印工艺的特点，对所用的材料的结构、形态和性能都提出了一些特殊的要求。

1.1 3D打印技术的起源

一般认为，美国人Chuck Hull（如图1-1所示）是3D打印技术的发明人。1983年，Hull在一家公司工作，主要任务是用紫外光来硬化各种物件表面树脂涂层。在工作中，Hull需要制造各种样式的塑料原型物件。为了完成这个任务，首先要设计和制作模具，然后再把熔融的塑料注入模具中成型以获得三维实体物件。Hull认为这是一个非常冗长乏味的制作过程，因此产生了对其进行革新的想法，以加速并简化原型物件的制作过程。Hull想到，“既然可以把两层树脂层先后硬化并结合在一起，那么如果把许多层树脂层硬化并结合在一起，就可以形成三维实体物件。”在这一思想的指引下，Hull发明了世界上第一台基于光固化（SLA）的快速成型设备（如图1-2所示），并申请了光固化快速成型设备的专利，从而开创了3D打印技术的新领域。Hull后来作为联合创始人，建立了从事3D打印技术和设备开发的公司3D Systems公司，开始了光固化3D打印设备的商业化推广。如今，SLA作为表面成型精度最高的3D打印技术，在原型物件快速制造等领域仍然居于主导地位。此外，Hull还发明建立了至今仍在广泛使用的适用于各种3D打印机的“.STL”通用文件标准。因为在SLA打印机和3D打印技术领域的开创性贡献，Hull于2014年入选了美国发明家名人堂，并被称为“3D打印之父”。

图 1-1　3D 打印之父、SLA 技术发明人 Chuck Hull

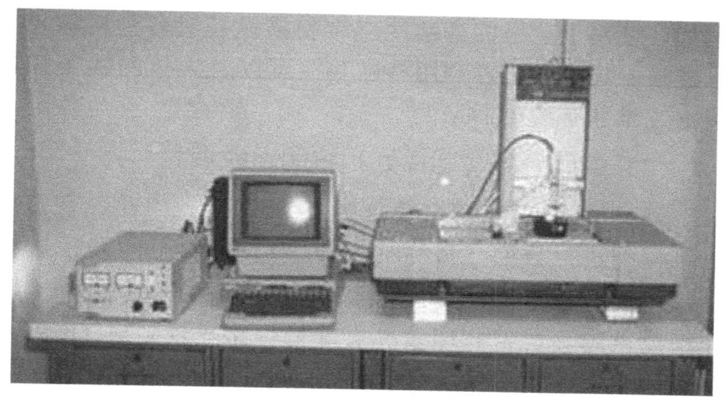

图 1-2　Chuck Hull 在 1984 年发明的光固化快速成型设备

1.2 3D 打印的主要工艺过程

虽然 3D 打印已经发展出了多种不同的技术类型，但是不同技术类型的打印过程却具有相同的几个基本步骤，主要包括数字建模、切片-路径规划和 3D 打印，如图 1-3 所示。

（1）设计和建立三维数字模型

三维物件的数字模型是 3D 打印的依据和出发点。目前，建立三维数字模型主要有两种途径：一种是利用各种设计软件直接设计并得到三维数字模型，例如在机械工程领域，利用 CAD 软件设计各种机械零部件并

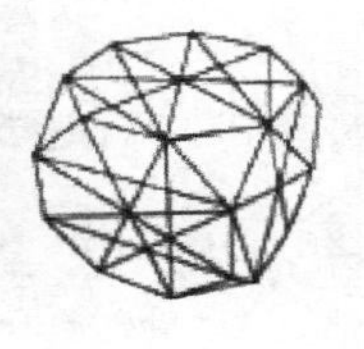

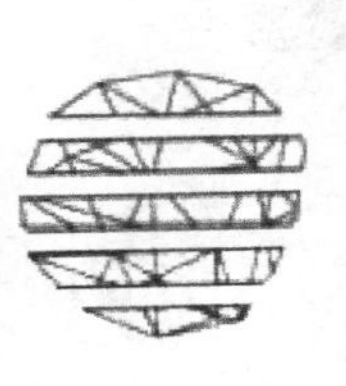

数字建模　　切片-路径规划　　3D打印

图 1-3　3D 打印的基本过程

得到其三维数字模型，在动漫领域，可以利用各种三维动画软件，设计各种人物、动物以及各类场景并获得相应的三维数字模型；另一种则是利用三维扫描仪等测量仪器对物件进行逆向测量并建立其三维数字模型。例如，使用工业级的高精度三维扫描设备对各种机械零部件进行逆向设计建模；在医院里，利用核磁共振可以对人体的各器官进行三维成像并建立三维数字模型。

（2）模型分层（切片）和打印路径规划

3D 打印的工艺特点是分层-叠加制造。因此，在打印之前，需要对三维模型进行分层（俗称“切片”），并对打印路径进行规划。对于一个确定的模型来讲，分层的数量越多，每一层的厚度越小，相应的打印精度就越高，但打印效率会降低。路径规划对 3D 打印的成型精度和质量也具有重要影响。目前经常使用的有蛇形扫描、岛形扫描、螺旋形扫描等。分层和打印路径规划处理一般可利用商业化或开源的切片软件进行。专业的商业化切片软件可以识别并修复数字模型中的部分错误，以避免使用有问题的模型进行打印，从而减少打印出错和浪费。

（3）3D 打印

将数字模型进行切片-扫描路径规划处理后，即可将其导入 3D 打印机。此时，将打印材料按要求装进打印机，设定好打印工艺参数后即可开始打印。图 1-4 所示为 3D 打印的成型过程示意图。在打印过程中，依据三维数字模型，打印头在 X-Y 平面内按预先规划的扫描路径移动，并将材料铺满一整层，一层打印完成后，基板沿 Z 轴下降一层，然后开始打印下一层。在不同的 3D 打印技术类型中，这一成型过程是相同的。而不同打印技术的区别在于每一层的固化方式不同。在打印过程中，如果没有异常状况发生，一般不需要对其进行人工干预。

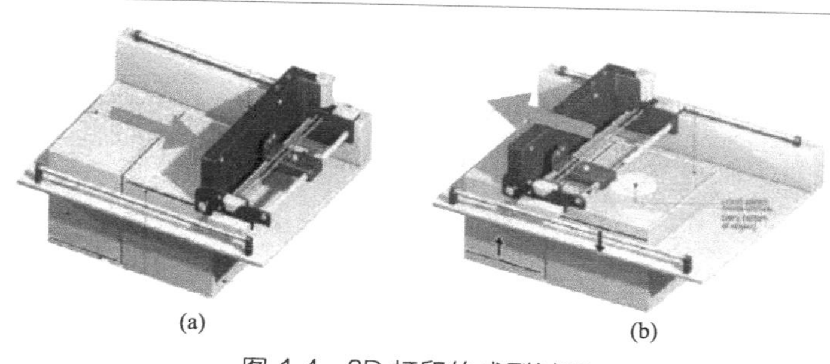

(a) (b)

图 1-4 3D 打印的成型过程

1.3 3D 打印的主要技术类型

自从 Chuck Hull 发明了光固化（SLA）3D 打印成型设备之后，随着信息技术、激光技术、控制技术、材料技术等的发展，3D 打印技术也得到了蓬勃发展。目前，主流的 3D 打印技术已有多种，并且仍在不断快速发展。

（1）光固化 3D 打印技术

光固化是最早出现的 3D 打印技术。光固化 3D 打印所使用的原料是液态的光敏树脂，其在紫外光（波长 380～405nm）照射下发生聚合反应而从液态转变为固态。通过精密控制使紫外光按设定的路径照射光敏树脂，即可实现逐点、逐线、逐面固结，进而通过逐层的叠加形成三维实体物件。图 1-5 所示即为 Hull 在其 SLA 发明专利中所描述的 3D 成型原理。图 1-6 所示是 Hull 使用其发明的 SLA 成型设备打印的第一个光敏树脂样件。该打印件虽然结构简单，尺寸小，但在 3D 打印技术领域具有里程碑式的意义。迄今，在所有的 3D 打印技术中，光固化技术仍然在可打印成型结构的复杂性和成型精度等方面具有显著优势，是 3D 打印领域的主流技术之一。自问世以来，光固化技术和设备得到了不断发展。其中，最重要的一个改进是数字光处理（digital light processing，DLP）技术和设备的出现。如前所述，SLA 是逐点扫描固化，其不利影响是打印成型效率较低。而 DLP 技术通过采用数字微镜元件，可以实现整面投影，从而可以一次性固化一层，大大提高了成型效率，降低了制造成本。随着技术的发展，DLP 技术的成型精度也得到了显著提高，已超过了 SLA 技术。可以预计，DLP 技术将在市场上逐渐替代 SLA 技术。

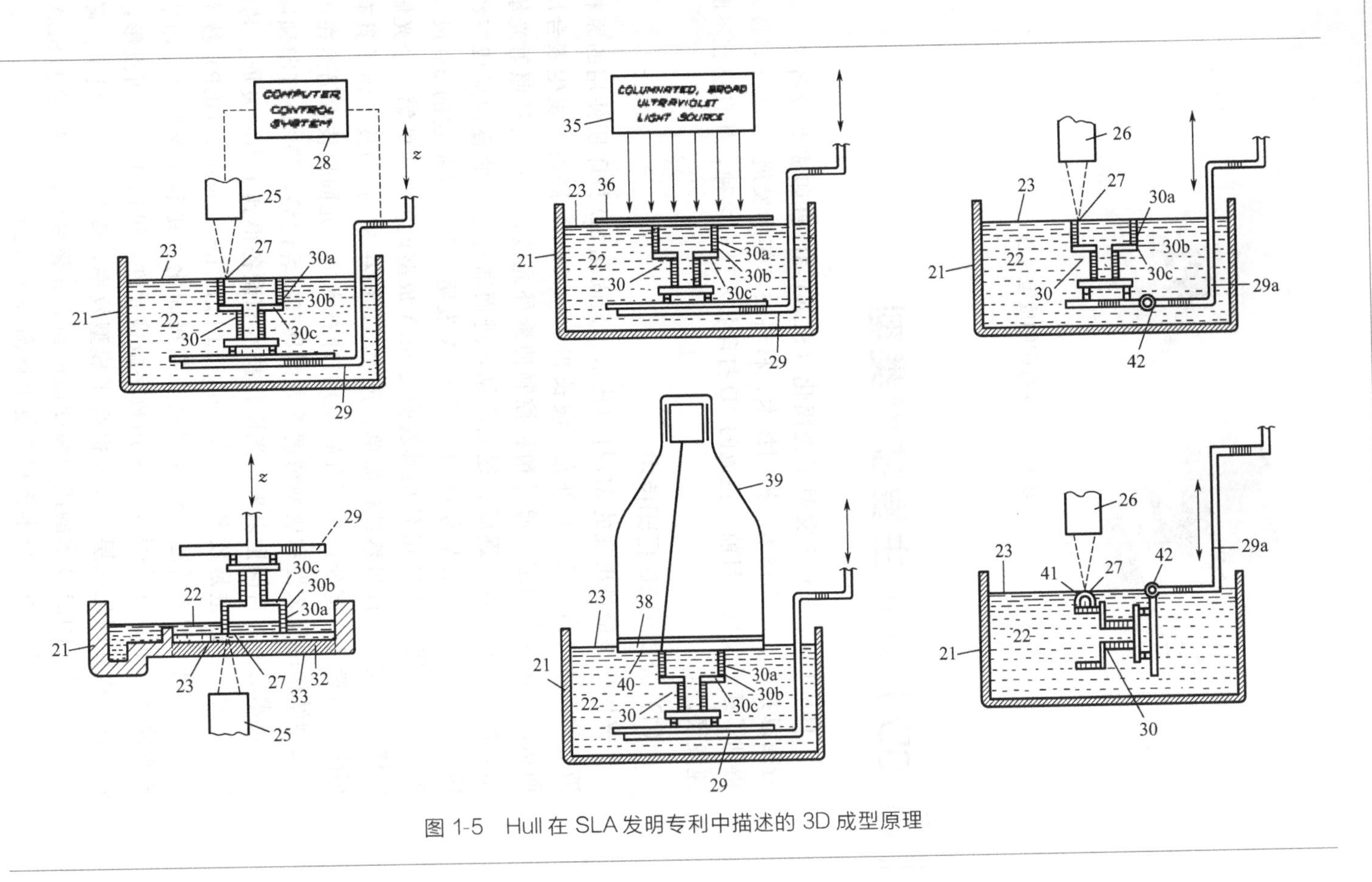

图 1-5 Hull在SLA发明专利中描述的3D成型原理

图 1-6 Hull 利用所发明的 SLA 设备打印的第一个样件

（2）选区激光烧结（SLS）3D 打印技术

选区激光烧结（SLS）是一种基于粉末床熔化的 3D 打印技术。SLS 是由美国德州大学奥斯汀分校的 Carl R. Deckard 和 Joe Beaman 发明的。如图 1-7 所示为 Deckard 和 Beaman 及他们发明的 SLS 打印设备。图 1-8 所示为目前主流 SLS 打印设备及其成型原理。SLS 法一般使用 CO_2 红外激光器，在成型加工时，首先将原料粉末加热至稍低于其熔点的温度，然后利用铺粉装置将粉末铺平；之后，控制激光束根据分层和扫描路径规划信息有选择地进行烧结，一层完成后再进行下一层烧结，如此往复，待全部烧结完后去掉多余的粉末，就得到烧结好的零件。SLS 所使用的激光能量相对较低，因此主要适用于尼龙、蜡粉、塑料粉以及部分低熔点金属粉末的烧结打印。SLS 的打印精度较高，是目前尼龙材料的主要打印技术。

图 1-7 Deckard 和 Beaman 及他们发明的 SLS 打印设备

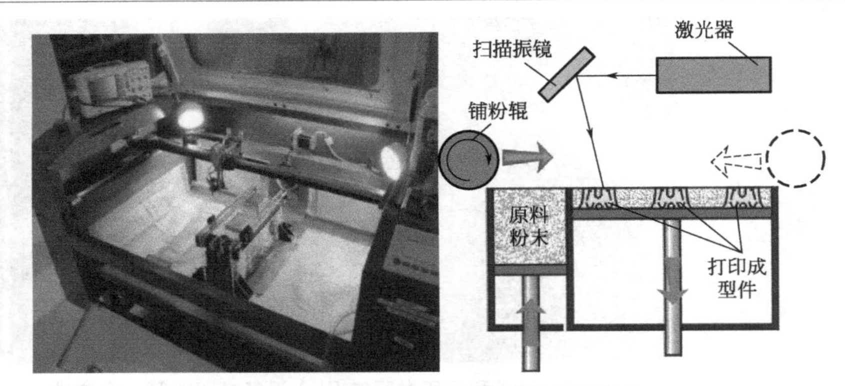

图 1-8 SLS 打印设备及其成型原理示意

（3）选区激光熔化（SLM）3D 打印技术

选区激光熔化（SLM）也是一种基于粉末床熔化的 3D 打印技术，其成型原理和选区激光烧结基本一致，不同之处在于其激光能量更高，可以把金属粉末完全熔化，所制造的物件接近完全致密。因此，选区激光熔化适用于各种金属材料的增材制造。选区激光熔化技术是由德国弗劳恩霍夫激光技术研究所（Fraunhofer ILT）在 20 世纪 90 年代中期发明的。图 1-9 所示为 SLM 3D 打印技术原理。SLM 使用细粒径（10～50μm）

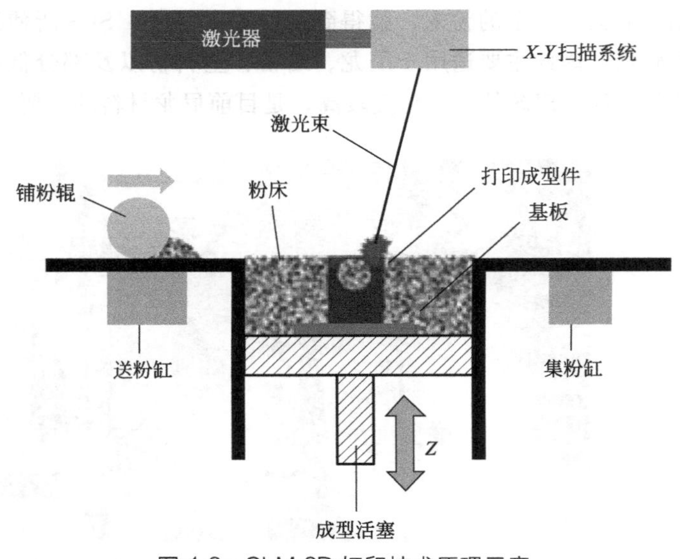

图 1-9 SLM 3D 打印技术原理示意

的球形金属粉末为原材料。在成型过程中，利用高能量激光束根据三维数字模型按设计的扫描路径选择性地熔化金属粉末，通过逐层铺粉、逐层熔化、逐层凝固堆积的方式，制造三维实体物件。SLM 3D打印技术可以直接制成终端金属产品，从而省掉中间过渡环节，并可得到冶金结合的金属实体，密度接近100%。SLM制造的金属工件晶粒组织细小均匀，具有快速凝固组织的特性，具有高的拉伸强度、较低的粗糙度（Rz30～50 μm），高的尺寸精度（<0.1mm），适合各种复杂形状的工件，特别适合内部有复杂异形结构（如空腔、内部流道等）、用传统方法无法制造的复杂工件；也适合单件和小批量模具和工件的快速成型。如图1-10所示为采用SLM 3D打印技术制造的钛合金支架。

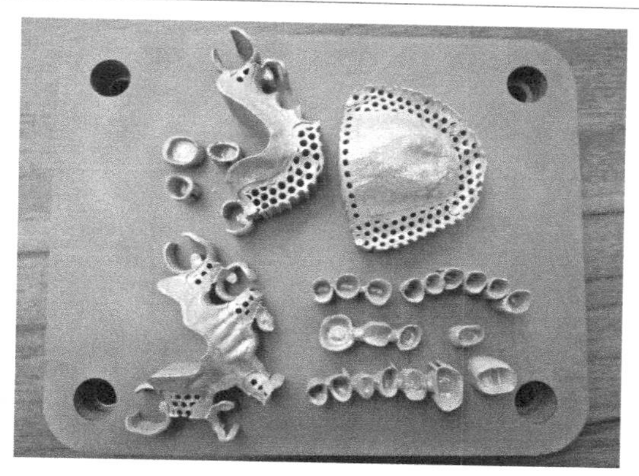

图1-10　SLM 3D打印的钛合金支架

（4）熔融沉积成型（FDM）3D打印技术

熔融沉积成型又叫熔丝沉积成型（FDM），其原料为各类热塑性的塑料丝材。FDM是当今最常见、最经济的一种3D打印技术。FDM技术的发明者是Scott Crump，他也是著名的3D打印技术公司Stratasys的联合创始人。图1-11所示为FDM 3D打印技术的原理。在成型过程中，丝状热熔性材料被加热融化，并通过一个带有微细喷嘴的喷头挤出来，沉积在基板或者前一层已固化的材料上，当温度低于固化温度后沉积的丝状材料开始固化，并通过材料的层层堆积最终形成三维物件。FDM的优势在于制造简单、成本低廉，但由于出料结构简单，难以精确控制出料形态与成型效果，同时温度对FDM成型效果影响也非常大。基于FDM的廉价桌面级3D打印机的成品精度较低，成品效果不够稳定。在对精度要求较高时需使用高精度的工业级FDM设备。此外，由于环保性能好的PLA（聚乳酸）材料具有极佳的FDM工艺适用性，桌面级FDM 3D打印机搭配PLA材料成为教育领域针对青少年开展创客教育的最佳选择。如图 1-12 所示即为面向教育领域的桌面级 FDM 3D 打印机、PLA 打印耗材及打印的模型。目前，国内很多中小学均配备了 FDM 3D 打印机，用于培养学生的创新设计能力并亲手将自己设计的产品打印制造出来，极大地激发了学生的创新热情。

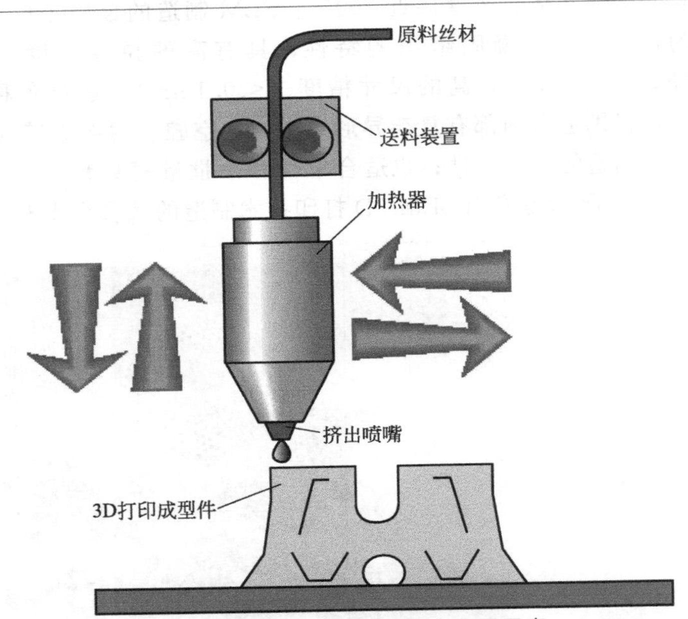

图 1-11 FDM 3D 打印技术原理示意

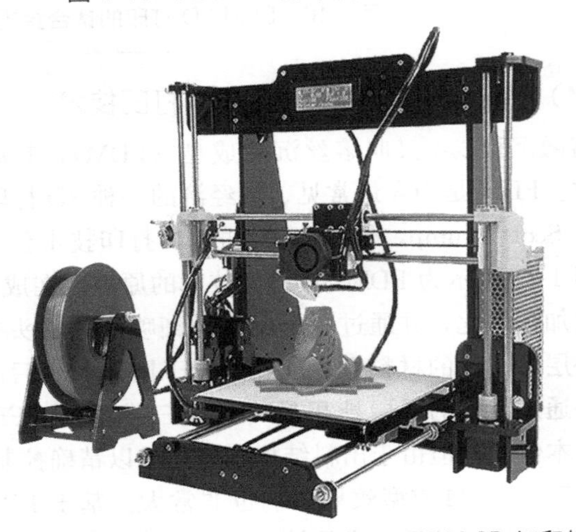

图 1-12 在教育领域广泛使用的桌面级 FDM 3D 打印机、PLA 打印耗材及打印的模型

（5）激光近净成型（LENS）3D 打印技术

激光近净成型又可称为激光立体成型、直接能量沉积。与基于粉末床的选区激光熔化技术相比，激光近净成型技术的特殊性在于：采用同轴送粉方式，利用送粉器将金属粉末送至熔池处；所使用的激光能量高（一般在千瓦级），能够快速地将粉末熔化成液滴。图 1-13 所示为激光近净成型 3D 打印技术的原理。在成型过程中，高能激光束聚焦于成型工件表面并形成熔池，由同轴送粉器将金属粉末送入熔池；通过高能激光束的扫描运动，使金属粉末材料逐层堆积，最终形成复杂形状的零件或模具，在航天、航空、造船等领域具有极大的应用前景。激光近净成型不受粉末床的限制，成型的空间和自由度较大，适用于大型结构件的快速成型制造。我国在该技术的应用上居于国际领先水平。图 1-14 所示为我国科技人员采用激光近净成型（LENS）技术打印的钛合金大型中央翼条。激光近净成型技术的缺点在于该工艺成型过程中热应力大，成型件容易开裂，成型件的精度较低，需要进行后续的机加工表面处理，且成型零件形状较简单，不易制造带悬臂的结构件等。图 1-15 所示为 LENS

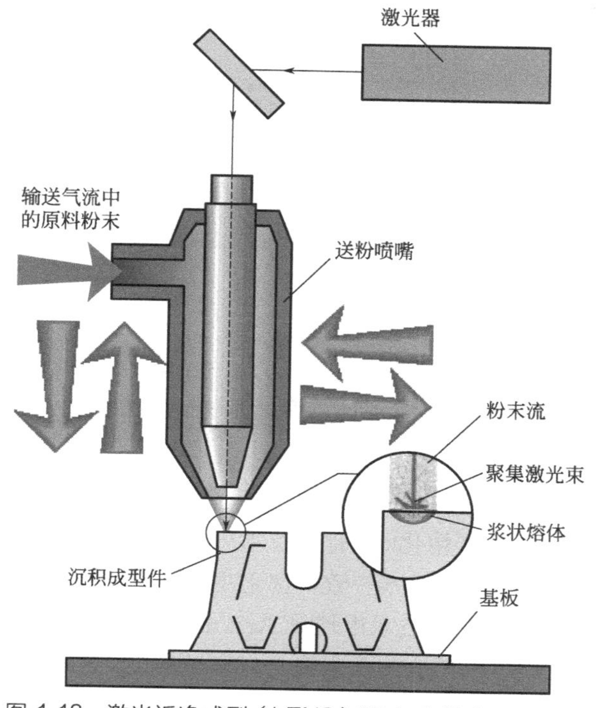

图 1-13　激光近净成型（LENS）3D 打印技术原理示意

3D 打印件的结构打印态表面及机加工后的表面形态，可以看出，打印态表面很粗糙，层状结构很明显，这是由 LENS 本身的工艺特性决定的。经过后续机加工处理后，结构件的表面粗糙度大幅度降低，尺寸和形状精度也达到设计要求。

图 1-14 激光近净成型（LENS）3D 打印的钛合金大型中央翼条

图 1-15 LENS 3D 打印的结构件打印态表面及机加工后表面形态（自左至右）

（6）电子束选区熔化（EBM）3D 打印技术

电子束选区熔化 3D 打印技术的工作原理和激光选区熔化、激光选区烧结 3D 打印技术基本一致，区别主要在于其所使用的能量源为高能电子束。EBM 3D 打印技术由瑞典 Arcam 公司发明。图 1-16 为电子束选区熔化 3D 打印技术的原理示意图。打印过程中，在计算机控制下，电子枪在预先铺好的金属粉末上方发射电子束，通过一套复杂的聚焦系统将电子束聚焦在待熔化的粉末层上并控制电子束按设定的扫描路径有选择性地移动，电子的动能转换为热能并将选区内的金属粉末加热至完全熔化后凝固成型。加工完当前层后，将工作台降低一个层厚的高度，并通过铺粉装置将新的一层粉末均匀地铺撒在已烧结的当前层之上，设备调入并按新一层的数据进行加工，此过程逐层循环直至完成整个物体的成型。

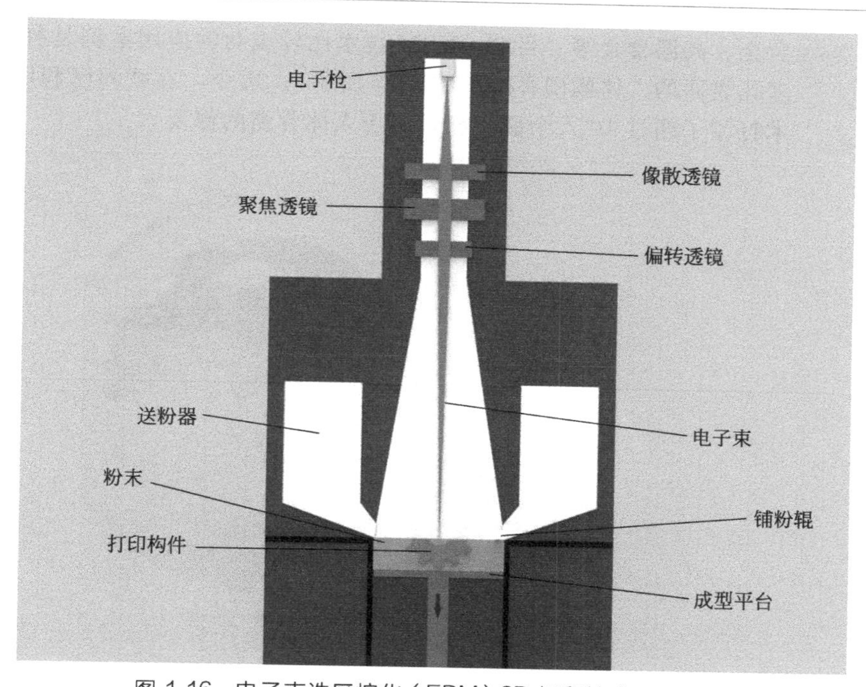

图 1-16　电子束选区熔化（EBM）3D 打印技术原理示意

与基于激光的 SLM 3D 打印技术相比，电子束 EBM 3D 打印技术具有自身的一些特点和优缺点。

SLM 是在惰性气体环境下进行打印的，而 EBM 是在高真空环境下进行打印。因此，EBM 打印过程引起的氧增量比 SLM 要小得多。但要维持 EBM 的高真空条件使得 EBM 设备的价格和维护费用相对较高。

EBM 所使用的金属粉末的粒径一般为 50～120μm，比 SLM 使用的粉末粒径大。一方面，使用较粗的粉末可以提高打印效率，据测算，EBM 的打印效率可达 SLM 的 3 倍以上；但另一方面，较大的层厚也使得成型精度有所下降，打印件的表面粗糙度较大。

EBM 技术可以在打印前，利用电子束对粉末层进行快速扫描而使其预热，可使粉末处于轻微烧结而未熔化状态，最高预热温度可达 1000℃以上。通过预热可使零件在 600～1200℃范围内打印成型，并大幅度降低冷却速率。这一特性使得EBM技术在打印一些室温脆性比较大、容易在热应力下开裂的金属材料时具有显著的优势。例如，钛铝合金在采用SLM技术进行打印时，非常容易开裂；而采用EBM技术进行打印时，通过高温预热，可以很好地抑制其开裂，并获得高致密度、力学性能优异的合金打印件。EBM技术可使用的材料包括主流的Ti-6Al-4V、钴铬合金、高温合金等。目前，EBM技术比较成功的应用案例是打印的具有多孔表面的人体髋臼杯（如图1-17所示）。迄今，在欧洲已利用EBM技术打印了超过10万个髋臼杯，用于人体骨骼的修复。

图1-17 EBM 3D打印的具有多孔表面的人体髋臼杯

（7）电弧熔丝增材制造（WAAM）3D打印技术

电弧熔丝增材制造3D打印技术又可称为成型沉积制造技术，是基于TIG（钨极惰性气体保护焊接）、MIG（熔化极惰性气体保护焊接）、PAW（等离子体焊接）等焊接技术发展而来的，最早可追溯到1925年，由美国的Baker等人提出的以电弧为热源通过金属熔滴逐层堆积的方式来制造金属物品的方法。早期的焊接主要以手工操作为主，无法实现精确的程序控制。20世纪90年代，开始出现把焊接设备与六轴机器手、CNC铣床等设备结合起来，实现了可按预先设定的加工程序自动可控地进行堆积制造的技术。自此，电弧熔丝增材制造技术的发展进入了新的阶段。图1-18所示为分别基于MIG、TIG和PAW焊接技术的WAAM 3D打印技术的原理。在打印过程中，均以电弧为能量源，使用金属细丝为原材料，采用逐层堆焊的方式制造各种金属实体构件。钛合金、高温合金、钢材等常用金属材料均可利用 WAAM 技术进行 3D 打印。由于 WAAM 技术打印的零件由全焊缝构成，具有化学成分均匀、致密度高的特点；同时 WAAM 技术的开放打印环境对成型件的尺寸无限制，成型效率高（可达几 kg/h），特别适合于大型结构件的快速成型。如图 1-19 所示为利用 WAAM 技术打印的大型船舶推进器。然而，电弧熔丝增材制造的零件表面波动较大，成型件表面质量较低，一般需要二次表面机加工。如图 1-20 所示为 WAAM 3D 打印件在打印态和机加工后的表面对比，可以看出表面层状堆积结构非常明显，经过机加工后，表面的粗糙度和精度都可达到设计要求。相比激光、电子束增材制造，电弧熔丝增材制造技术的主要应用目标应该是大尺寸构件的低成本、高效快速近净成型。

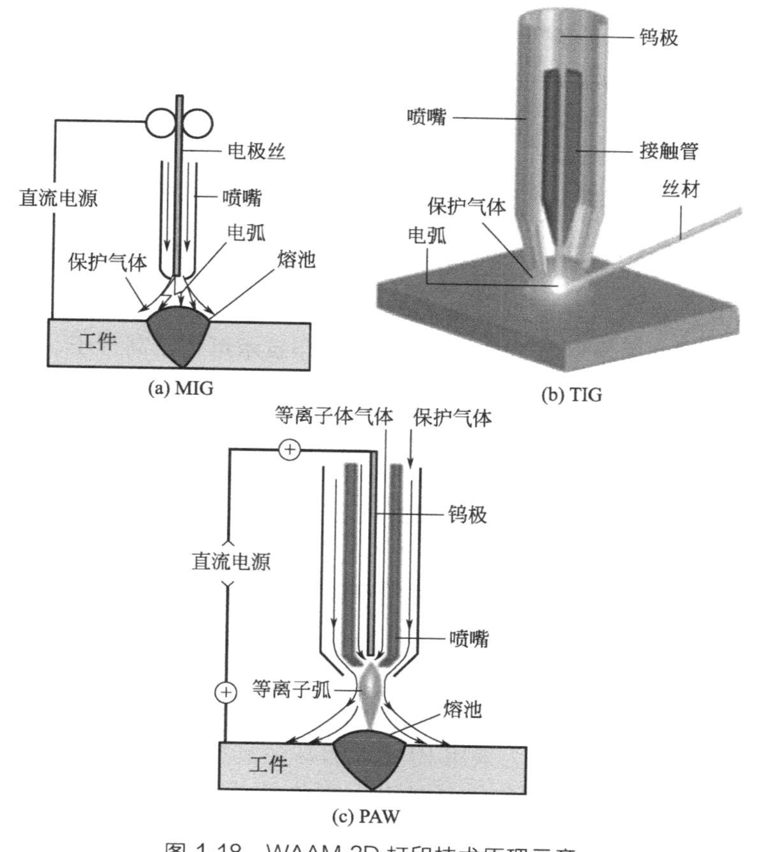

图 1-18 WAAM 3D 打印技术原理示意

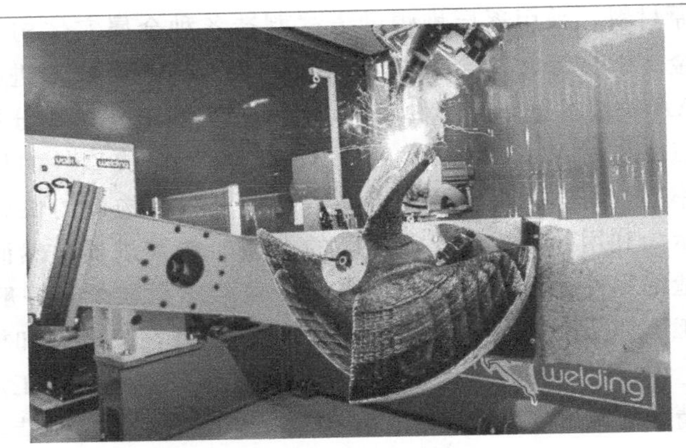

图 1-19 利用 WAAM 技术打印的大型船舶推进器

图 1-20 WAAM 3D 打印件的打印态和机加工后的表面对比

(8) 黏结剂喷射（binder jetting，BJ）3D 打印技术

黏结剂喷射 3D 打印技术是一种通过有选择性地喷射黏结剂使粉末黏合成型的增材制造技术。BJ 3D 打印技术可用于高分子、金属、陶瓷等多类材料。BJ 3D 打印技术也是基于粉末床的增材制造技术。其工作原理与激光烧结技术类似，不同之处在于，BJ 技术使用喷墨打印头将黏结剂有选择性地喷射到预先铺好的粉末中，从而将设定路径内的粉末黏合在一起，而每一层粉末又与之前的粉末层通过黏结剂的渗透而结合在一起，如此循环并最终形成所打印的物件。BJ 3D 打印技术的原理如图 1-21 所示。由于 BJ 技术是使用黏结剂将粉末结合在一起的，在打印过程中并不产生热量，从而可以避免如 SLM 等 3D 打印技术中由热应力产生的开裂、翘曲等缺陷，因此，BJ 技术可以用于打印结构非常复杂的物体。黏结剂喷射 3D 打印技术所使用的粉末很细小，可以打印出精度很高的物件。如图 1-22(a) 所示为采用 BJ 技术打印的具有微细多孔结构的金属样件。此外，BJ 技术在打印中通过引入彩色墨水，可以实现全彩色物件的打印。图 1-22(b) 所示即为采用 BJ 打印的全彩色模型（见彩图）。由于 BJ 3D 打印技术可以利用的材料种类很丰富，因此，可以将该技术用于铸造砂型的打印［图 1-22(c) ］和各种金属零件的打印［图 1-22(d) ］。需要指出的

是，当利用BJ技术打印金属和陶瓷材料时，所成型的样件的密度和强度均较低，需要通过后续的高温烧结处理去除黏结剂并使粉末间形成较强的融合和连接，从而提高打印件的致密度和强度。此外，还可以采用渗透金属等处理进一步提高打印件的致密度和力学性能，使其达到能使用的功能。

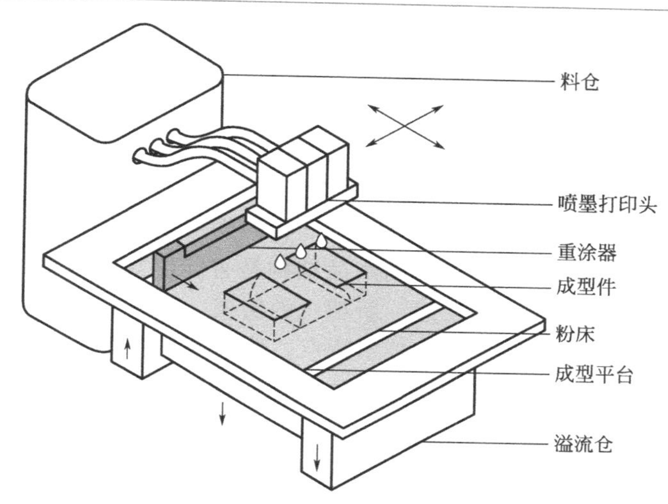

图 1-21　BJ 3D 打印技术的原理示意

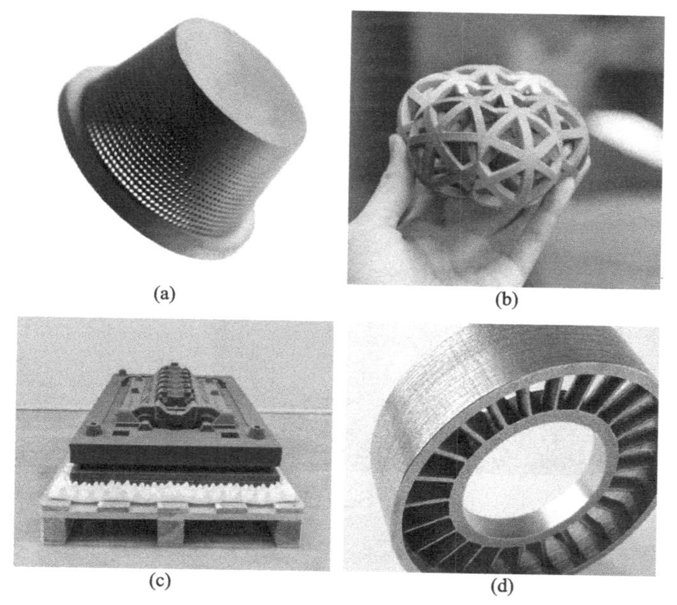

图 1-22　BJ 技术打印的物件

1.4 3D打印技术的优势

与传统的减材和等材加工制造技术（如机械加工、铸造、锻造）相比，3D打印技术具有独特的工艺特点和优势，主要体现在以下几个方面。

（1）赋予设计人员极大的设计自由度

传统的加工成型技术难以制造具有复杂结构（特别是一些位于物体内部的复杂精细结构）和几何形状的物体，因此，设计人员在进行产品设计时必须考虑所设计的产品结构是否能够加工制造出来，这种状况限制了设计人员的新思想、新理念的实现。而3D打印技术所具有的逐点、逐线、逐面添加制造的技术特点，使其理论上能够制造任意复杂形状和结构的物体，从而使设计人员在设计时不再受限于加工制造技术，给予其充分的设计发挥空间，设计自由度得到了极大提升。如图1-23所示，是采用激光选区烧结（SLS）技术打印的三层嵌套的球中球，这种结构采用传统的制造技术是无法实现的，而采用3D打印技术可以轻松获得。

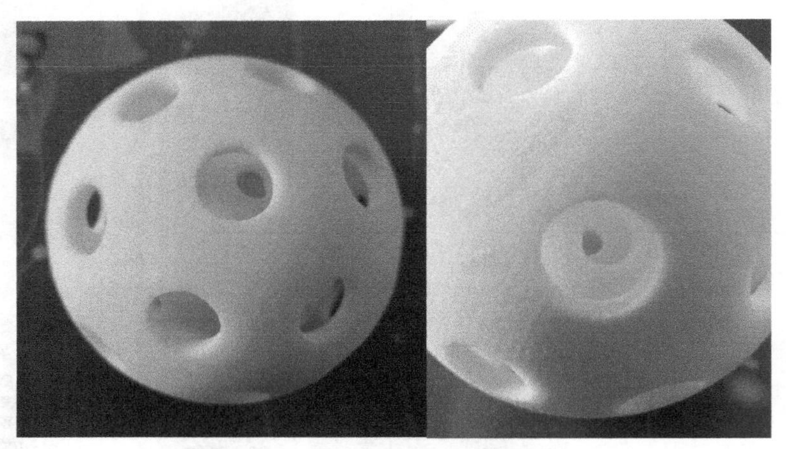

图1-23 SLS技术打印的三层嵌套的球中球

（2）不需要模具，可以实现小批量产品的快速制造

人们生活或生产中所用到的很多产品在制造过程中都需要使用模

具来成型。例如，采用注塑工艺制造的各种塑料产品；采用铸造工艺制造的各种金属零部件等。而模具的设计和制造不仅周期较长、成本较高，而且在使用中模具的磨损也使其服役寿命有限。3D打印技术摆脱了模具的限制，特别适合于产品开发阶段或小批量生产阶段样品的快速直接制造。在我国C919大飞机的研发中，已采用了多件3D打印的钛合金构件。例如，C919机头的钛合金主风挡整体窗框，尺寸大、形状复杂，国内的飞机制造厂用传统制造方法无法在短时间内做出，国外只有一家欧洲公司能制造该窗框，但是模具费用高，且交货周期要两年。显然，钛合金整体窗框的制造成为C919大飞机研制中的棘手难题之一。2009年，北京航空航天大学的王华明教授团队解决了该难题，通过采用金属3D打印技术，无需加工制造模具，仅用55天时间就制造出了钛合金主风挡整体窗框，且零件成本还不足欧洲锻造模具费的十分之一。如图1-24所示即为采用金属3D打印技术制造的钛合金整体窗框。

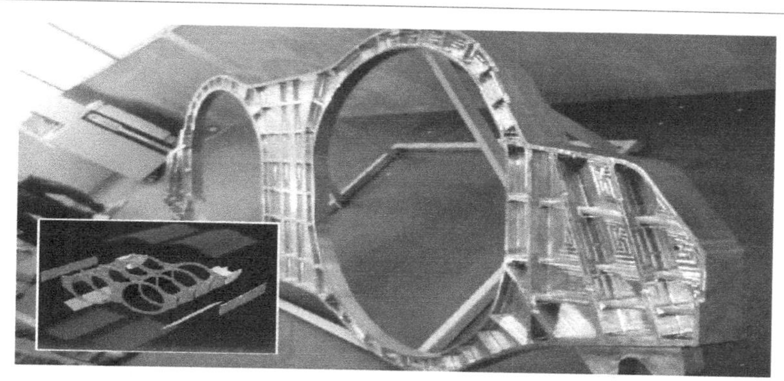

图1-24　3D打印技术制造的钛合金整体窗框

（3）可以实现构件的轻量化结构设计和制造

当前，在航空航天、汽车等领域均对轻量化有着迫切的需求。传统加工成型技术所制造的构件大多是实心的均一结构。而借助于3D打印的工艺优势，可以实现各种轻量化结构部件的制造，从而在不降低性能的基础上，实现结构部件的轻量化。如图1-25所示为3D打印（SLM）几种晶格结构原型样件。图1-26所示为将晶格结构插入层间而制造的钛合金三明治层状结构原型部件，其重量只有实心件的60%左右，减重效果十分突出。

图 1-25 3D 打印（SLM）的晶格结构原型样件

图 1-26 3D 打印（SLM）的钛合金轻量化结构部件

（4）原材料的利用率高，并可实现构件的近净成型

与传统的减材机加工相比，3D 打印的原材料利用率高，可大幅度降低原材料的浪费，是一类节能环保的先进制造技术。同时，3D 打印可实现构件的近净成型（如图 1-27 所示），所需要的后续加工相对较少。对于金属材料来讲，在所有的 3D 打印技术中，黏结剂喷射 3D 打印技术具有最高的精度，所打印构件的表面粗糙度可达 1μm 左右，与传统的精密铸造水平相当。其次是基于粉末床的激光选区熔化 3D 打印技术，所打印构件的表面粗糙度一般不超过 10μm。电子束选区熔化 3D 打印的构件的表面粗糙度在 10～20μm 之间，而基于送粉的激光近净成型 3D 打印技术和基于送丝的电弧熔丝增材制造 3D 打印技术能达到的加工精度和表面粗糙度相对较差。一般来讲，3D 打印的金属构件的精度和表面粗糙度与传统的机加工还有不小的差距，需要根据应用要求，采取一些后续的处理

以改善精度和表面粗糙度。

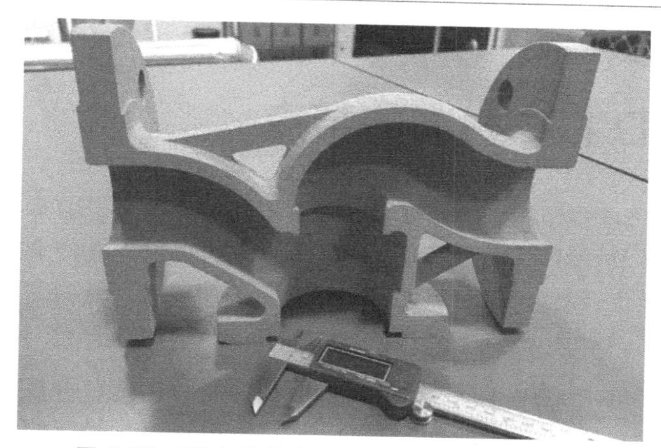

图 1-27 3D 打印的金属构件可达近净成型效果

（5）可以实现新型一体化部件/复杂内流道部件的直接制造

传统的机加工和铸造等技术难以制造形状复杂和内部微细结构，这导致很多结构部件必须分解成几个甚至几十个零件，分别制造出来后再装配成一个整体部件。这种制造工艺不仅延长了制造周期、增加了制造成本，还影响了部件的性能。如前所述，3D 打印的工艺优势使其特别适于形状和内部结构复杂部件的制造，因而可借助其实现新型一体化部件/具有复杂内流道部件的设计和直接制造。图 1-28 所示为采用 SLM 3D 打印的涡流器一体化燃油喷嘴。利用 3D 打印技术的工艺优势，该燃油喷嘴由之前的十几个部件改变成了一个整体，不再需要焊接等装配加工，冗余结构和重量大大降低，所使用的材料和喷嘴体积都大幅减少，制造周期缩短 60%，成本降低 50%以上。同时，燃油喷嘴的性能和使用寿命都大幅度提升。此外，利用 3D 打印的工艺优势，可以实现随形冷却模具的设计和制造，是模具行业的一次重大的技术革新和

图 1-28 3D 打印（SLM）的涡流器一体化燃油喷嘴

进步，可大幅度提升模具的使用性能和寿命，提高相关行业，如利用注塑工艺生产各类塑料制品行业的生产效率。

1.5 3D 打印材料的特点

3D 打印产业链主要包括原材料、打印设备、打印服务和应用三个主要环节。3D 打印材料是 3D 打印必需的耗材，在产业链中居于基础和关键地位。3D 打印材料的特点与其工艺的特殊性是紧密相关的。

（1）形态上的特点

由于 3D 打印是基于离散-堆积的增材制造，可以把原料看成是构筑三维实体的材料单元。材料单元的体积越小，相应的打印件的精度就越高。因此，3D 打印材料从形态上一般是液态、细丝、薄片、细小的粉末等。此外，不同的工艺对材料的形态还有一些特殊的要求。例如，基于粉末床的 3D 打印工艺，不仅要求粉末的粒径细小，还要求其具有高球形度，以保证粉末具有很好的流动性，可以迅速完成一层粉末的平铺。再如，基于同轴送粉的 3D 打印技术对粉末的流动性具有更高的要求，因此，其所选用的粉末的粒径要比粉末床工艺的更大些。

（2）成分/性能上的特点

材料的成分/性能应该与其加工工艺相适应。传统的制造领域，经过长期的发展，已针对不同的制造工艺，如铸造、锻造等发展出了相应的材料成分体系，特别是在金属材料领域，针对铸造工艺，有专门发展的铸造高温合金等材料体系，针对锻造工艺，有专门发展的变形高温合金等材料体系。3D 打印的发展时间较短，在相应的专用材料体系的研发上仍处于起步阶段。对于金属 3D 打印来讲，其微熔微焊的工艺特性，对材料的可焊性、抗氧化性就提出了更高的要求，因此，在材料成分设计上，应该充分考虑到这一要求。此外，由于金属 3D 打印中会产生较大的热应力而导致打印件开裂，因此，提高材料的强度和塑性也是有益于其更适应 3D 打印工艺的。

（3）材料品种上的特点

目前，3D 打印材料还面临着可用材料种类偏少的状况，例如，在传统的制造领域，可用的金属种类有几千种以上，而在金属 3D 打印领域，目前可选用的较成熟的原材料只有几十种，难以满足 3D 打印行业的发展需求。

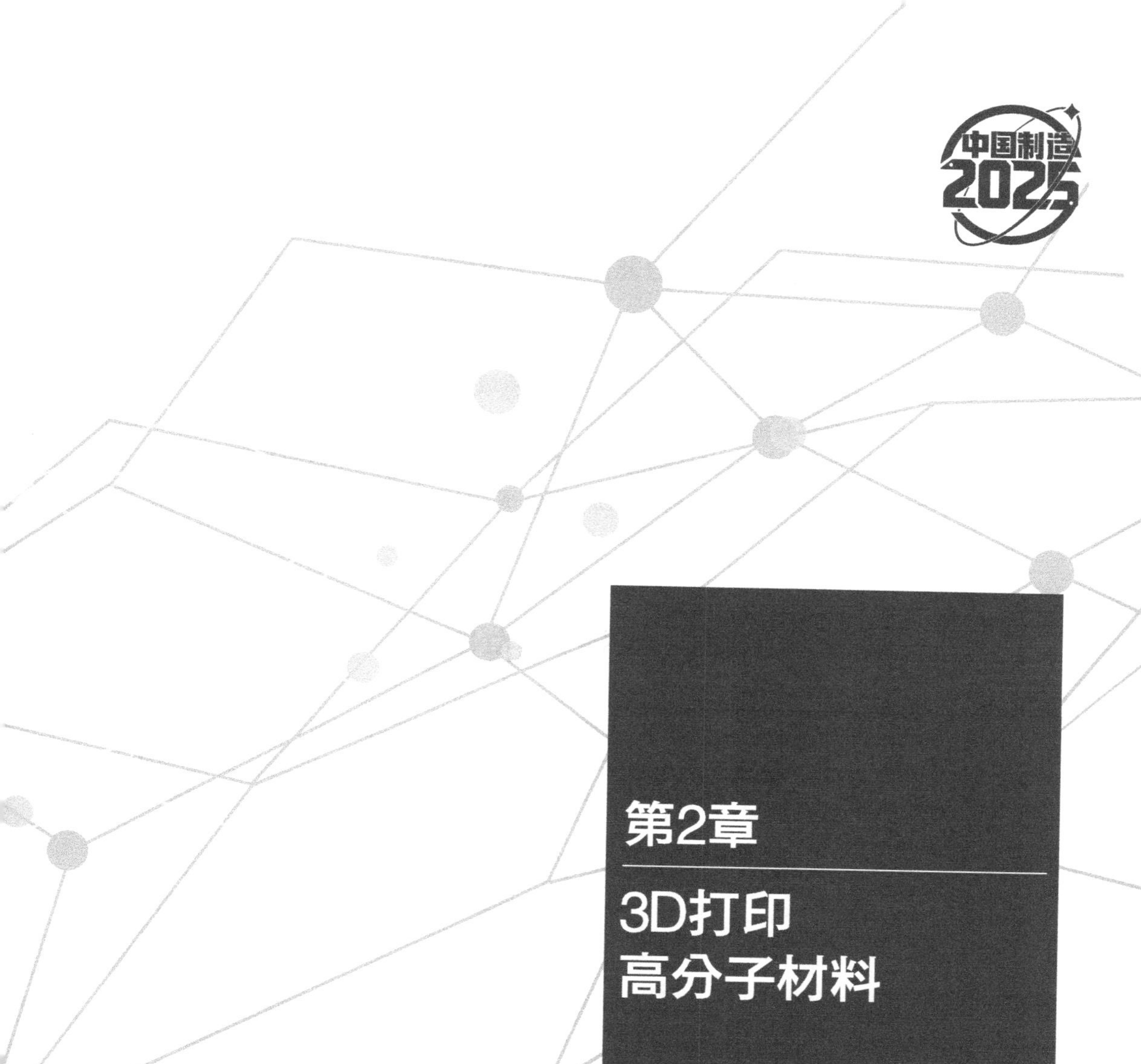

第2章

3D打印高分子材料

高分子材料是与金属材料、无机非金属材料并列的三大材料种类之一。高分子材料又称聚合物或高聚物，是一类由一种或几种分子或分子团（结构单元或单体）以共价键结合而成的具有多个重复单体单元的大分子。高分子材料按特性一般可分为橡胶、纤维、塑料、胶黏剂和涂料五大类。高分子材料易于实现大规模工业化生产，已广泛应用于工业、农业、建筑、交通运输等主要经济领域，例如，我们日常生活中随处可见的各种塑料制品等。高分子材料化学性质稳定、力学性能优异、易于着色，在3D打印领域具有重要应用价值。目前，光敏树脂、尼龙、ABS和PEEK等热塑性塑料、PLA等已成为支撑3D打印发展和应用的关键原材料。

2.1 3D打印高分子材料的形态

高分子材料的传统加工技术主要有压制成型、挤出成型、注射成型和压延成型四大类，一般所使用的原料多为颗粒状，经过成型加工后，可获得各种高分子管材、板材和型材等（图2-1所示），供后续进一步加工使用。

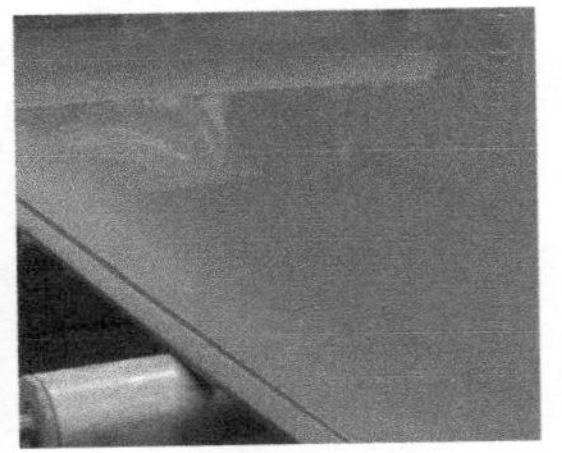

图2-1 塑料颗粒和加工成型的塑料管材、板材和型材

如前所述，3D打印是通过逐层打印的方式来构建三维实体的。因此，其所使用的原材料的形态必须和这种特殊的成型工艺相适应。目前，可应用于高分子材料的3D打印技术包括光固化、喷墨成型、激光粉末烧结、熔融沉积成型等，其所使用的材料的形态有液态、粉末态和丝材等。

2.1.1 液态高分子材料

液态高分子材料主要指的是光敏树脂类材料，这是一种在原料状态下为稳定液态的打印材料，通常包括聚合物单体、预聚体和紫外光引发剂等组分，在打印过程中，紫外激光的照射能令其瞬间固化。因此，这类打印材料有很好的表面性能，成型后表面平滑光洁，产品分辨率高，细节展示出色，质量甚至超过注塑产品。

与需要制备成线材或粉材的工程塑料或生物塑料相比，液态的光敏树脂在设计和制备上有较大的灵活性，可以根据实际需求进行共混、掺杂或分子裁剪，从而大幅提升打印材料的性能或获得具有特殊性能的3D打印材料。

光固化和喷墨成型均采用液态树脂材料，一般要求树脂具有较低的黏度和良好的流动性，以利于树脂的快速流平或喷射。图2-2所示为液态光固化树脂及正在成型的树脂件。图2-3所示为采用喷墨光固化成型的彩色透明器官模型（见彩图）。

图2-2 液态光固化树脂及正在成型的树脂件

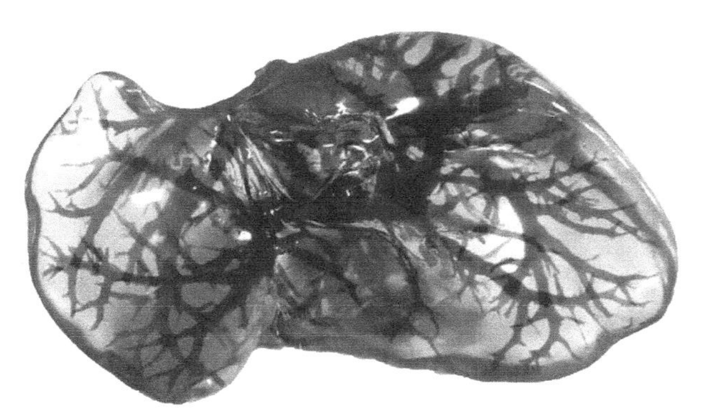

图2-3 喷墨光固化成型的彩色透明器官模型

2.1.2 高分子粉末材料

高分子粉末主要应用于激光粉末烧结打印工艺。高分子粉末需要烧结的量比较小，烧结的过程工序比较简单，并且高分子粉末的球形质量良好。目前，常见的高分子粉末有聚苯乙烯（PS）、尼龙（PA）、尼龙与玻璃微球的混合物、聚碳酸酯（PC）、聚丙烯（PP）、蜡粉等。高分子粉末材料应具有粉末结块温度低、收缩小、内应力小、强度高、流动性好等特点。在实践中，激光粉末烧结（SLS）主要用于尼龙等高分子材料的三维打印成型。图 2-4(a) 所示为激光粉末烧结所使用的尼龙粉末的微观形貌图，其特点是粉末的球形度高、粒径分布窄，平均粒径一般在 20μm；图 2-4(b) 所示为尼龙粉末的宏观形态和成型件，其特点是粉末无团聚、流动性好。

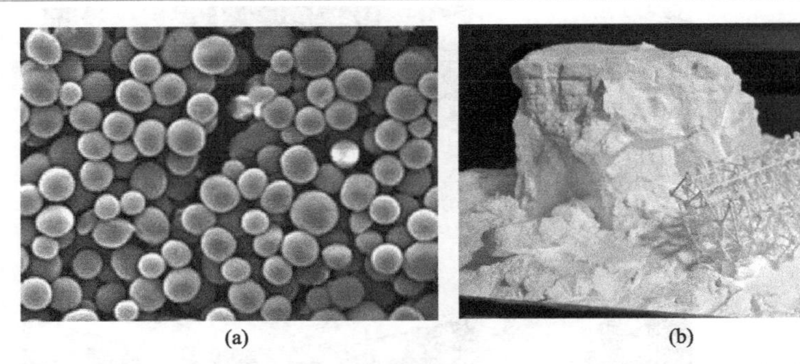

(a) (b)

图 2-4 SLS 用尼龙粉末微观形貌、宏观粉末及打印的尼龙件

2.1.3 高分子丝材

高分子丝材主要适用于 FDM 3D 打印工艺。FDM 是目前成本较低、普及程度较高的快速成型技术之一。它以丝状塑料为打印耗材，利用电加热方式将丝材加热至高于熔化温度，在计算机的控制下，将熔融的材料涂覆在工作台上，逐层堆积形成三维工件。作为适用于 FDM 的高分子丝材，应具备高机械强度、低收缩率、适宜的熔融温度、无毒环保等基本条件。目前，应用于 FDM 打印的成型材料主要有丙烯腈-丁二烯-苯乙烯共聚物（ABS）、聚乳酸（PLA）、聚碳酸酯（PC）、聚苯砜（PPSF）、聚对苯二甲酸乙二醇酯-1,4-环己烷二甲醇酯（PETG）等。图 2-5 所示为熔融沉积成型（FDM）3D 打印所用的高分子丝材。一般情况下，热塑

性高分子材料，如 ABS、TPU、PEEK 等均可加工成 FDM 打印工艺所使用的丝材。由于熔融沉积成型设备送丝机构具有固定的内径，因此，3D 打印高分子丝材的直径一般为 1.75mm 和 3mm 两种。如有特殊尺寸需求，则需定制加工。对高分子丝材的要求一般为线径尺寸公差小，如线径过细，则导致送料不足，从而引起打印件的致密度低、层间结合强度下降；如线径过大，则导致线材难以顺利穿过送丝机构，使得打印无法进行。此外，高分子丝材的表面光滑度要高，具有一定的韧性和强度，不容易产生断丝。

(a) ABS (b) TPU

图 2-5 熔融沉积成型（FDM）3D 打印所用的高分子丝材

2.2 3D 打印高分子材料的种类

2.2.1 工程塑料

工程塑料指被用作工业零件或外壳材料的工业用塑料，是强度、耐冲击性、耐热性、硬度及抗老化性均优的塑料。工程塑料是当前应用最广泛的一类 3D 打印材料。常见的工程塑料有 ABS、PC、PPSU、尼龙等材料。此外，工程塑料还包括聚醚醚酮、聚丙烯、聚氨酯、聚苯乙烯、聚苯砜等。

（1）ABS 材料

ABS 材料是熔融沉积快速成型工艺常用的热塑性工程塑料，具有强度高、韧性好、耐冲击等优点，正常变形温度超过 90℃，可进行机械加工、钻孔、螺纹、喷漆及电镀。ABS 材料的颜色种类很多，如象牙白、白色、黑色、深灰、红色、蓝色、玫瑰红色等，在汽车、家电、电子消费品领域有广泛的应用。如图 2-6 所示为采用 FDM 工艺打印的 ABS 材质模型。

ABS作为3D打印材料的问题主要有：打印时会产生烧塑料气味，对人体和环境有一定的危害；打印构件的收缩率较大，尺寸精度难以控制；基板温度需保持在100℃以上，对设备的要求较高。

（2）PC材料

PC材料是真正的热塑性材料，具备工程塑料的所有特性：高强度、耐高温、抗冲击、抗弯曲。使用PC材料制作的样件，可以直接装配使用，应用于交通工具及家电行业。PC材料的颜色比较单一，只有白色，但其强度比ABS材料高出60%左右，具备超强的工程材料属性，广泛应用于电子消费品、家电、汽车、航空航天、医疗器械等领域。如图2-7所示为使用FDM工艺打印的PC材质模型。

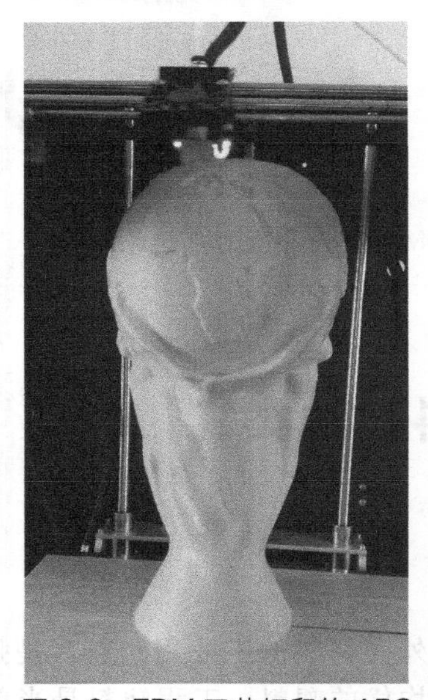

图2-6 FDM工艺打印的ABS材质模型

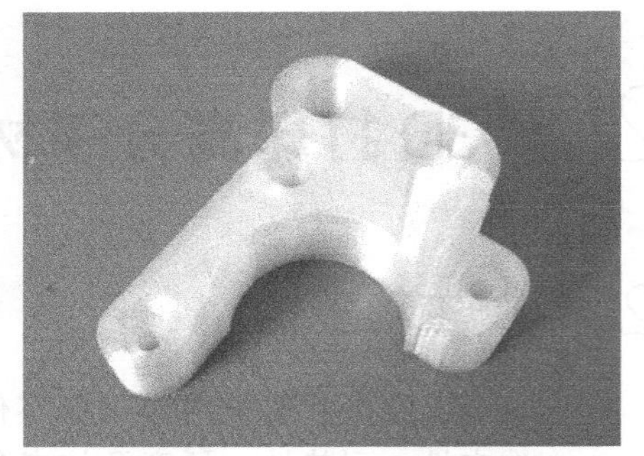

图2-7 FDM工艺打印的PC材质模型

（3）PC-ABS材料

PC-ABS材料是一种应用最广泛的热塑性工程塑料。PC-ABS具备了ABS材料的韧性和PC材料的高强度及耐热性，大多应用于汽车、家电及通信行业。使用该材料配合FORTUS设备制作的样件强度比传统的FDM系统制作的部件强度高出60%左右，所以使用PC-ABS材料能打印出包括概念模型、功能原型、制造工具及最终零部件等热塑性部件。如图2-8所示为FDM工艺打印的PC-ABS材质模型。

图 2-8 FDM 工艺打印的 PC-ABS 材质模型

（4）PC-ISO 材料

Polycarbonate-ISO（PC-ISO）材料是一种通过医学卫生认证的白色热塑性材料，具有优异的生物相容性和很高的强度，广泛应用于药品及医疗器械行业，用于手术模拟、颅骨修复、牙科等专业领域。同时，因为具备 PC 的所有性能，也可以用于食品及药品包装行业，做出的样件可以作为概念模型、功能原型、制造工具及最终零部件使用。

如图 2-9 所示为香港理工大学采用 PC-ISO 线材和 FDM 工艺打印制造的眼眶外科手术导板和植入物模型，有助于医师进行眼眶骨骼的精准重建。

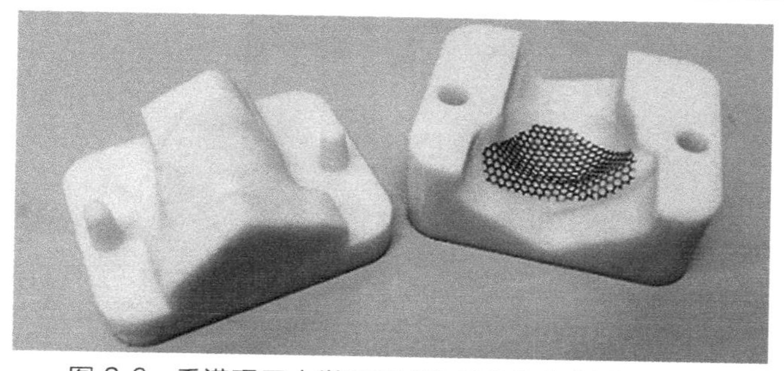

图 2-9 香港理工大学采用 PC-ISO 打印制造的眼眶外科手术导板和植入物模型

（5）PPSU/PPSF 类材料

Polysulfone（PPSU/PPSF）类材料是一种琥珀色的材料，热变形温

图 2-10　采用 PPSU/PPSF 材料打印的热水壶罐体

度为 189℃，是所有热塑性材料里面强度最高、耐热性最好、抗腐蚀性最优的材料，通常作为最终零部件使用，广泛用于航空航天、交通工具及医疗行业。PPSU/PPSF 类材料能带来直接数字化制造体验，性能非常稳定，通过与 FORTUS 设备的配合使用，可以达到令人惊叹的效果。如图 2-10 所示为采用 PPSU/PPSF 材料打印的热水壶罐体，可直接加热使用，体现了该类材料优异的耐热性（见彩图）。

（6）尼龙类材料

尼龙类材料一般为白色的粉末或丝材，并可掺入一定比例的玻璃纤维、铝粉等来改善其力学性能。与普通塑料相比，其拉伸强度、弯曲强度有所增强，热变形温度以及材料的模量有所提高，材料的收缩率减小，但材料表面变粗糙，冲击强度降低。材料热变形温度为 110℃，主要应用于汽车、家电、电子消费品领域。如图 2-11 所示为 3D Systems 公司开发的尼龙丝材、配套的打印机及所打印的模型。

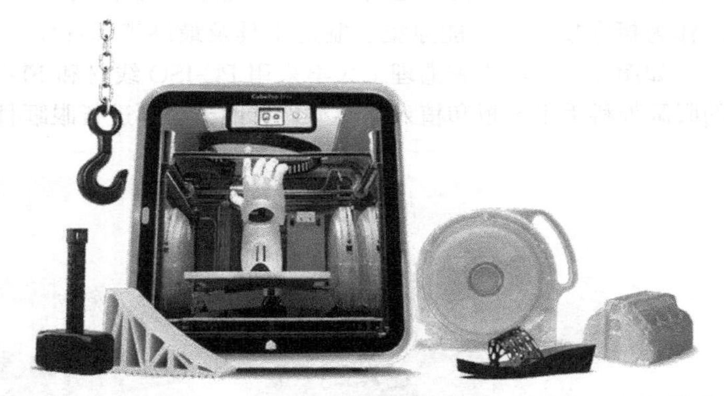

图 2-11　3D Systems 公司开发的尼龙丝材、打印机及打印模型

（7）PEEK

PEEK（聚醚醚酮）是一种半结晶的热塑性塑料，该材料具有优异的抗烧蚀特性（包括阻燃性和紫外线辐射性）、优异的耐腐蚀性、极低的毒性和良好的生物相容性，且在高温下仍具有优异的力学性能，被认为是性能最好的工程热塑性塑料之一，并可用于极端工作环境。PEEK 在增材制造中

的主要应用包括金属替换、功能性原型设计以及航空航天、汽车电子、医疗、牙科等行业。图 2-12 所示为采用 SLS 3D 打印的各种 PEEK 异形样件。

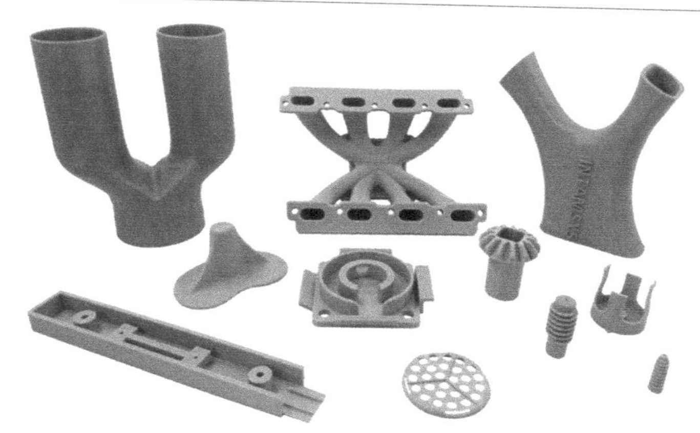

图 2-12 SLS 3D 打印的各种 PEEK 异形样件

2.2.2 生物可降解塑料

随着人们环境保护意识的不断提升，生物降解的热塑性树脂也逐渐应用于 3D 打印。生物可降解塑料是一类可由自然界存在的微生物作用而引起降解的塑料。与传统工程塑料相比，生物可降解塑料的力学强度较低，耐热性和耐候性也比较差，但是生物可降解塑料的生产和使用过程都比较环保，符合人类绿色发展的要求，更难得的是大多数生物可降解塑料都具有较好的生物相容性、良好的流动性和快速凝固特性，因此它们的 3D 打印产品在医疗行业具有广泛的应用前景。

目前用于 3D 打印的生物可降解塑料包括以下产品：聚乳酸（PLA）、聚羟基烷酸酯（PHA）、生物工程塑料等。其中聚乳酸（PLA）是一种半结晶型聚合物，具有优异的可加工性能，可用于熔融沉积 3D 打印技术。另外，PLA 具有优异的可降解性能和生物相容性，生物毒性较低，能够用于组织工程、医疗器械等 3D 打印产品的生产。因此，PLA 成为针对青少年开展 3D 打印教育所使用的主流材料。如图 2-13 所示为采用 PLA 和 FDM 工艺打印的狮子模型。

除 PLA 之外，聚己内酯（PCL）材料也是一种可生物降解的聚酯材料。在熔融加工条件下，PCL 的黏弹性和流变性能十分突出，可通过熔融沉积 3D 打印技术进行加工。除此之外，PCL 具有一定的稳定性，相应的 3D 打印产品用于组织工程，在生物体内的使用寿命可高达 6 个月。

另外，PCL降解产物被生物体吸收后无生物毒性。此外，PCL的熔点较低，是用于儿童3D打印笔的最佳原料之一，可避免高温可能引起的烫伤危险（图2-14，见彩图）。

图2-13 采用PLA和FDM工艺打印的狮子模型

图2-14 低熔点PCL丝材是儿童3D打印笔的最佳原料

2.2.3 光敏树脂

光敏树脂即Ultraviolet Rays（UV）树脂，由聚合物单体与预聚体组成，其中加有光（紫外光）引发剂（或称为光敏剂）。在一定波长的紫外光（250～300nm）照射下能立刻引起聚合反应完成固化。光敏树脂一般为液态。如图 2-15 所示为一种光敏树脂材料及所打印的模型。

常见的光敏树脂有 Somos Next 材料、Somos 11122 材料、Somos 19120 材料和环氧树脂。Somos Next 材料为白色材质，类 PC 新材料，材料韧性非常好，基本可达到选择性激光烧结制作的尼龙材料性能，而精度和表面质量更佳。Somos Next 材料制作的部件拥有迄今最优的刚性和韧性，同时保持了光固化立体造型材料做工精致、尺寸精确和外观漂亮的优点，主要应用于汽车、家电、电子消费品等领域。Somos 11122 材料看上去更像是真实透明的塑料，具有优秀的防水和尺寸稳定性，能提供包括 ABS 和 PBT 在内的多种类似工程塑料的特性，这些特性使它很适合用在汽车、医疗以及电子类产品领域。Somos 19120 材料为粉红色材质，是一种铸造专用材料。成型后可直接代替精密铸造的蜡模原型，避免开模具的风险，大大缩短周期，拥有低留灰烬和高精度等特点。环氧树脂是一种便于铸造的激光快速成型树脂，它含灰量极低（800℃时的残留含灰量＜0.01%），可用于熔融石英和氧化铝陶瓷精铸型壳的快速制造，而且不含重金属锑，可用于制造极其精密的快速铸造型模。

图 2-15　一种光敏树脂材料及所打印的模型

2.2.4 橡胶类材料

可用于 3D 打印的橡胶类材料主要是 thermoplastic elastomers（TPE/TPU）类材料，具备多种级别的弹性材料特征，这些材料所具备的硬度、断裂伸长率、抗撕裂强度和拉伸强度，使其非常适合于要求防滑或柔软表面的应用领域。3D 打印的橡胶类产品主要有消费类电子产品、医疗设备以及汽车内饰、轮胎、垫片等。如图 2-16 所示为采用 TPU 材料打印的模型，具有很好的柔性。

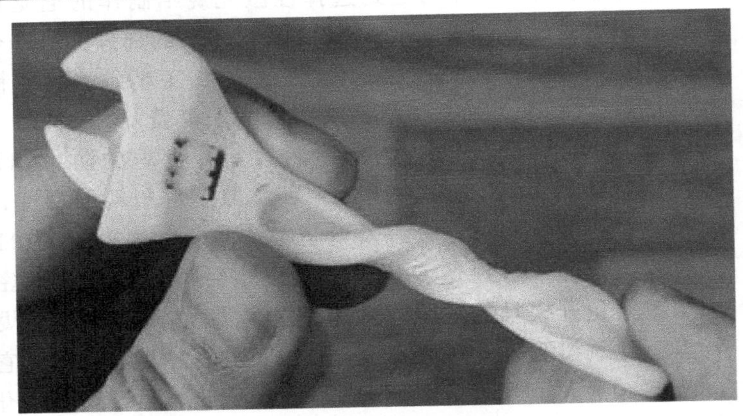

图 2-16 采用 TPU 材料打印的柔性模型

2.3 3D 打印高分子材料的制备技术

2.3.1 3D 打印高分子粉末的制备方法

3D 打印常用的高分子粉末材料主要有尼龙（PA）、聚苯乙烯（PS）、聚丙烯（PP）和蜡粉等。不同材料的制备方法，特别是基于化学反应的制备及所使用的设备工艺差别很大。下面以尼龙为例，对尼龙粉末的制备方法做简要说明。

尼龙粉末的制备方法通常有 3 种，即直接聚合法（包括悬浮或乳液聚合法）、机械粉碎法和化学方法（溶剂沉析法）。其中，前两种方法不适于 3D 打印用尼龙粉末的规模化生产。在实际生产中，3D 打印用的尼龙粉末基本上都是通过溶剂沉析法生产的，其基本过程和原理是：选择一种尼龙在其中的溶解度随温度有很大变化的有机溶剂，然后在高温下将尼龙原料完全溶解在溶剂中，接着，边搅拌边降低温度，粉末状的尼龙就从溶剂中析出沉淀。后续通过分离、干燥、球磨、筛分等，得到不同粒度范围的尼龙粉末。溶剂沉析法所得粉末微粒形状接近球形，粒度分布窄，流动性好，符合 SLS 3D 打印工艺对粉末的要求。上述制粉工艺中所使用的尼龙原料是由已二胺和己二酸通过缩聚反应制备的，其基本工艺流程为：将两种化学物质按配比在溶液中结合形成尼龙盐，然后经过提纯、聚合、挤压成带状，然后切成小薄片或小球状颗粒。

纯尼龙材料的3D打印件在性能上有时候和应用需求还有些差距。对此，发展了尼龙复合粉末，主要有玻璃纤维增强、碳纤维增强和尼龙/铝复合粉末等。例如，将尼龙粉末和铝粉按一定比例机械混合均匀，在SLS 3D打印后所形成的构件具有类似金属的外观，如图2-17所示，并可对其施加研磨、抛光或涂层等后处理。同时，这种复合材料构件的刚性更高，耐高温性也提高了不少，在高温下具有良好的尺寸稳定性。经测试，当铝粉含量为50%时，所打印的复合材料成型件的热变形温度、拉伸强度、弯曲强度、弯曲模量以及硬度，比单纯尼龙打印件分别提高了87℃、10.4%、62.1%、122.3%及70.4%。

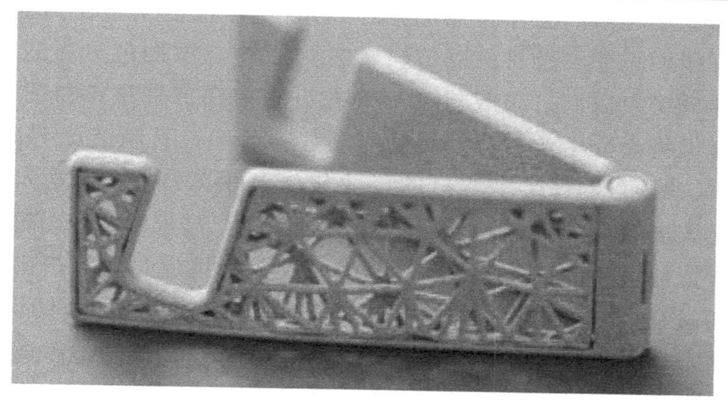

图2-17　采用尼龙/铝复合粉末3D打印的样件

然而，机械混合的尼龙和铝复合粉末，易存在混合不均匀及铝粉和尼龙粉之间的界面结合不好等问题。对此，国内华中科技大学开发了一种尼龙12覆膜铝复合粉末。利用溶剂沉析法在铝粉表面包覆了一层尼龙，如图2-18所示。进一步研究了不同铝粉含量对SLS 3D打印件的尺寸精度以及力学性能的影响，结果表明：尼龙与铝粉表面结合状况良好，在激光烧结过程中，尼龙熔融，铝粉则均匀分布在尼龙基体中。随着铝粉含量的增加，打印件的弯曲强度和模量显著提高，冲击强度逐渐降低；当铝粉质量分数为50%时，与纯尼龙打印试样相比，复合材料打印件的弯曲强度和模量分别提高了62.1%和122.3%；此外，铝粉含量的增加还能有效抑制尼龙基体的收缩，提高打印件的精度和耐温性。

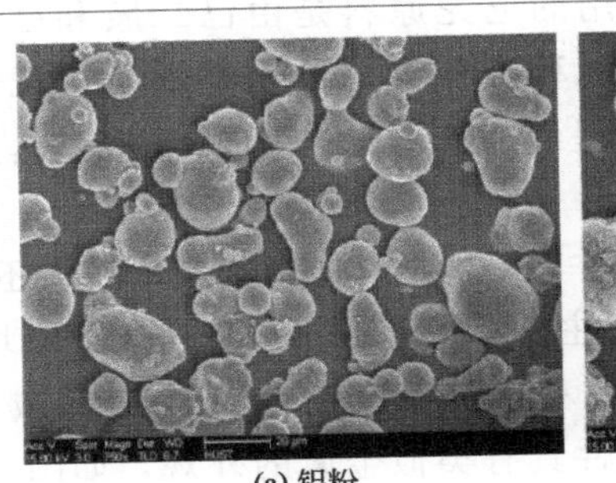
(a) 铝粉

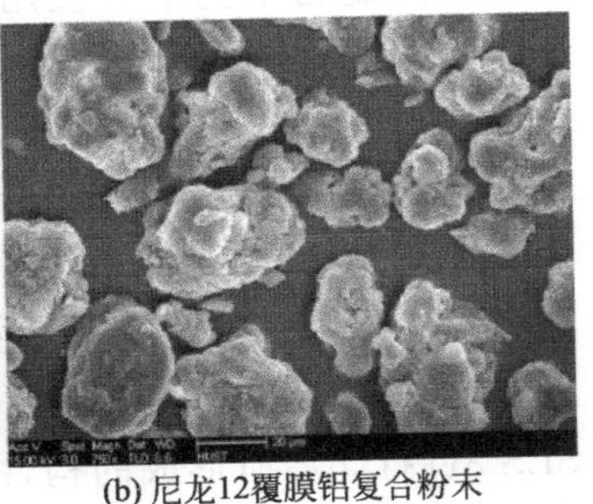
(b) 尼龙12覆膜铝复合粉末

图 2-18 SLS 用尼龙包覆铝粉的形貌

2.3.2 3D 打印高分子丝材的制备方法

FDM 3D 打印机所用的原料一般为连续的高分子细丝材，直径通常为 1.75mm，也有部分大型的 FDM 打印机使用直径为 3mm 的丝材。3D 打印用高分子丝材是以塑料颗粒为原料，添加色母粒或色粉上色，经单螺杆挤出机，挤出成丝状，并经过水浴槽分段逐渐降温固化，最后经收料机将高分子丝材自动缠绕收集在料盘上，其制造工艺流程如图 2-19 所示。3D 打印高分子丝材的工业化生产线如图 2-20 所示。该工艺适用于绝大多数热塑性塑料丝材的制造。在生产过程中，挤出机的加热温度需要依据材料的熔点来确定，丝材的直径大小可通过调节挤出机成型模具的出料口到水冷槽的距离来调节。一般在水槽和收料机之间配有激光测径设备，用于实时监控丝材的直径波动。为了保持生产的连续性，在生产线上还配置有自动储线装置，以便在更换料盘或短期调节设备时不需要停止生产。

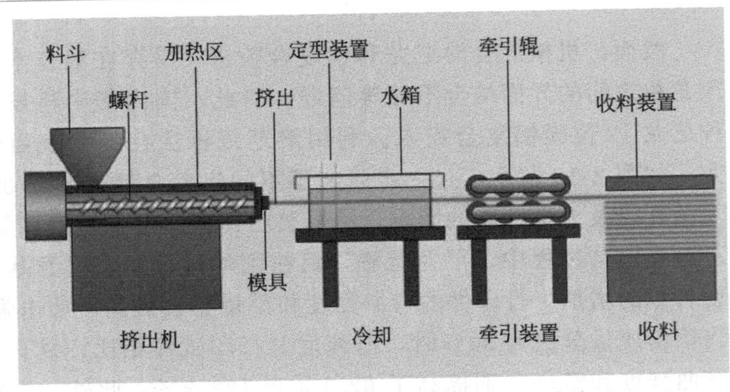

图 2-19 3D 打印高分子丝材的制造工艺流程

图 2-20 3D 打印高分子丝材的工业化生产线

2.3.3 3D 打印光敏树脂的制备方法

光敏树脂是光固化 3D 打印的基础原料。历史上，光敏树脂的出现早于光固化 3D 打印技术。光敏树脂主要由光引发剂、单体、低聚物和添加剂等混合而成。在组成中，一般光引发剂占比（质量分数，下同）2%～5%，单体占比 20%～40%，低聚物占比 40%～50%，添加剂占比 2%～5%。

光敏树脂制备技术研究的核心是其组成配方。例如，有研究者以双酚 A 型环氧树脂、丙烯酸为单体合成了双酚 A 型环氧丙烯酸酯低聚物，然后以双酚 A 型环氧丙烯酸酯作为光敏树脂的低聚物基体，二苯甲酮（BP）为光引发剂，二溴新戊基二醇乙烯丙基醚（DDPE）为稀释剂，SiO_2 为填料，制备了用于 3D 打印的双酚 A 型环氧丙烯酸酯光敏树脂。还有研究者发明了一种尼龙微球改性光敏树脂。该方法制得的光敏树脂材料弯曲强度提高了 75%、成型收缩率降低了 53%，同时成型速度也变快了。有研究者研究了一种 3D 打印立体光刻快速成型光敏树脂，采用脂肪族缩水甘油酯、双酚 A 型环氧树脂、环氧丙烯酸酯、脂肪族环氧树脂、1,4-环已基二甲醇二乙烯基醚、聚丙二醇二缩水甘油醚二丙烯酸酯与适当引发剂共混，制备出的光敏树脂黏度适中，具有较好的光敏性、力学性能、热性能和较低的成型收缩率。图 2-21 所示为一种白色光敏树脂。

图 2-21 一种白色光敏树脂

2.4 3D 打印高分子材料的应用

高分子材料是非常重要的基础原材料，被用来制造塑料瓶子、玩具、工具、包装、电子产品壳体、医疗产品以及各种工业品的零部件等。迄今，已发展出了多种适用于高分子材料的 3D 打印技术和产品，并在人类社会的生活和生产领域取得了众多成功应用。下面以几个典型的应用案例加以说明。

2.4.1 新冠病毒检测和防护用高分子材料产品

2020 年，突如其来的新冠肺炎疫情给人类社会的生活和生产带来了极大的危害和冲击。在控制新冠疫情中，对人群进行大规模、高效的病毒检测是诊断和跟踪疫情的关键。但在疫情初期，因为缺乏检测试剂盒——长的鼻拭子和处理它们所需的化学物质，许多国家都面临难以提高检测能力的问题。

此时，3D 打印技术可以无需模具、快速进行产品制造的独特优势被充分利用起来。人们研究发现树脂 3D 打印是快速、廉价、大规模生产鼻拭子的可行解决方案之一。树脂 3D 打印的产品分辨率很高，能够打印出鼻拭子的精细特征。同时，许多牙科树脂 3D 打印机都有经过认证的生物相容性材料，可以立即投入使用。为了满足病毒检测需求，全球许多树脂 3D 打印机公司都着手开始 3D 打印鼻拭子，并用于世界各地的医院开展新冠病毒检测。图 2-22 所示为采用光固化树脂 3D 打印的具有复杂格子的树脂鼻拭子，这种特殊设计的鼻拭子结构更有利于收集病毒样本。

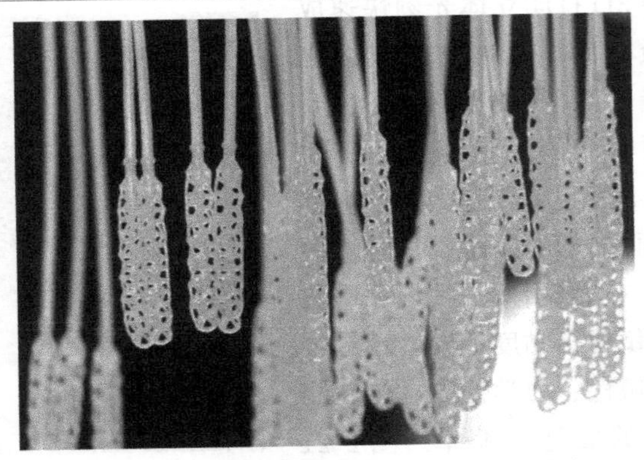

图 2-22　3D 打印的具有复杂格子的树脂鼻拭子

此外，在疫情影响下，当全球供应链中断或传统制造生产线受到限制时，3D 打印技术证明了它可以作为一种应急、可行的生产方法。除了 3D 打印鼻拭子，其他一些医疗产品，如防护面罩（图 2-23 所示）、呼吸器和呼吸机等也都装配有许多高分子零部件。在这些产品的应急生产中，也都使用了 3D 打印技术。事实证明，3D 打印技术和产品，在全球抗击新冠肺炎疫情中，发挥出了独特的重要作用。

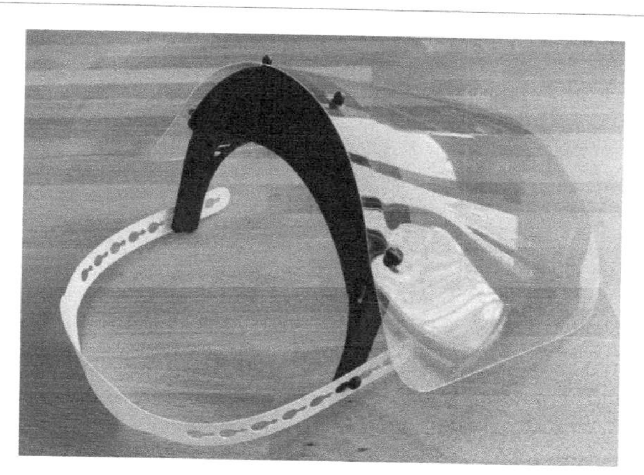

图 2-23　3D 打印的塑料防护面罩

2.4.2 3D 打印高分子产品在医疗领域的应用

3D 打印高分子产品在医疗领域具有非常多样的应用。如图 2-24 所示为 3D 打印的各种各样的人体外科辅助康复器具。这些产品可以通过 FDM、SLS、SLA 等 3D 打印技术来制造。传统上，很多外科辅助康复器具多采用石膏来制作，结构上很厚重，与人体的贴合度很差，且不美观。而如图 2-24 中所示的 3D 打印的辅助器具，针对每个人的具体情况进行个性化的设计和定制，外形美观，结构轻巧，强度高，对人体的保护作用强，有利于促进人体的快速康复。目前，很多地方都开始把 3D 打印的辅助器具列入了医保报销名单里，为 3D 打印高分子器具的发展和应用奠定了政策基础。

PEEK（聚醚醚酮）的强度高且耐高温、耐腐蚀，模量与人体骨骼接近，不会产生应力屏蔽效应，且其生物相容性很好。因此，PEEK 在人体骨骼植入物上具有比钛合金更好的性能优势。特别是采用 PEEK 粉末为原料，以 SLS 工艺 3D 打印的 PEEK 人体骨骼植入物的形状和尺寸精度更高，粉末间完全融合在一起，结构致密、力学性能优异。图 2-25 所示为采用 SLS 3D 打印的 PEEK 头颅骨修复体，可以看出，修复体和颅骨贴合紧密，可对大脑起到很好的保护作用。此外，PEEK 也可制作成丝材，采用 FDM 3D 打印技术来制造各种三维实体构件。不过，PEEK 材料比普通的塑料丝材的价格高很多，而用于 SLS 3D 打印的 PEEK 粉末的售价更高。成本高昂是阻碍 PEEK 耗材在 3D 打印领域广泛应用的重要因素之一。

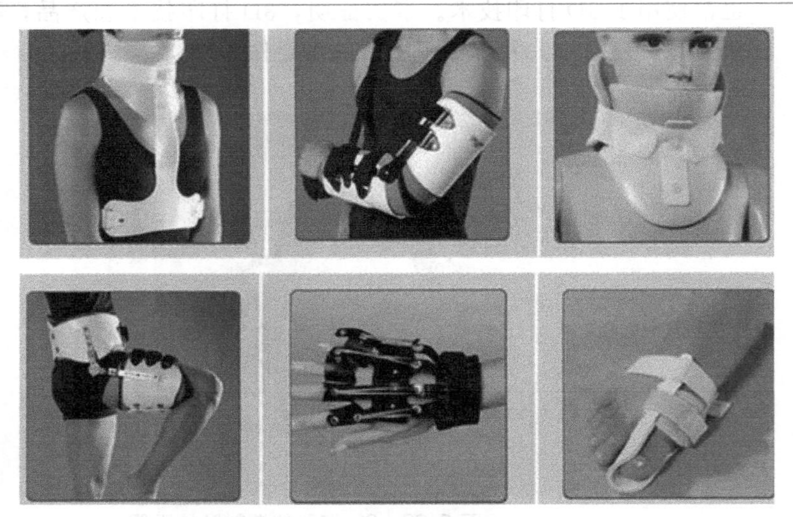

图 2-24 3D 打印的塑料康复器具

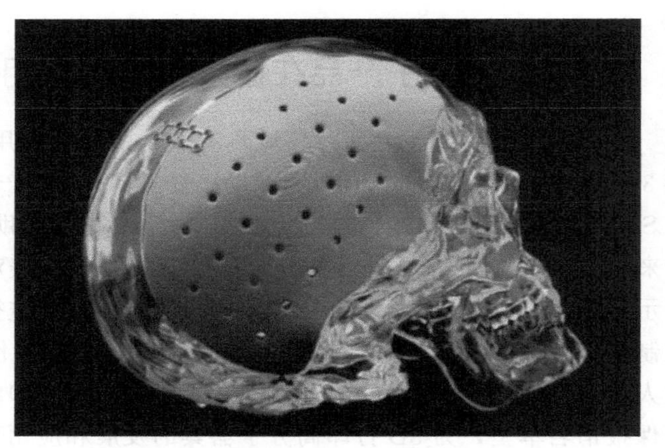

图 2-25 SLS 3D 打印的 PEEK 头颅骨修复体

2.4.3 3D 打印蜡型辅助首饰制造

人们在日常生活中经常会佩戴各种珠宝首饰。传统的贵金属首饰多采用机械冲压加工法、精密铸造法和手工制造三大类制造工艺。一般来讲，首饰的结构设计精巧、形态美观多样，对制作人员的技术要求很高。随着行业内老手艺人的逐渐退出，首饰加工行业面临着行业技术水平下降，特别是一些古老手艺面临失传的不利局面。将3D打印技术引入贵金属首饰的设计和制造中，对于提升该行业的技术水平是非常有益的。

首饰对其表面精度和光洁度的要求很高。即使采用表面精度最好的激光选区熔化设备来3D打印贵金属首饰，其表面精度和粗糙度也达不到首饰行业的标准。此外，打印时不可缺少的支撑，在后期去除的难度较大，且带来了额外的贵金属损失。在经历了前期的探索之后，由于上述问题难以从根本上加以解决，采用3D打印来直接制造贵金属首饰的技术路线至少在目前阶段还不是一个现实的选择。

当采用传统的精密铸造法来制造贵金属首饰时，其中一个关键的环节是制作所设计首饰的蜡型。这一环节对技术人员的要求很高，制作的蜡型的质量直接决定后续失蜡法铸造的最终首饰的质量。由于光固化3D打印具有分辨率高、精微结构呈现完美、生产效率高、设备成本低等优势，人们开始尝试利用光固化3D打印制造首饰的蜡型，再将其用于精密铸造中。经实验验证，利用该技术路线，可制造出精度和表面质量都达到行业标准的首饰（图2-26），从而开辟了3D打印蜡型辅助首饰制造这一适应当前珠宝首饰行业发展需求的技术途径。为了配合该工艺的实施，还开发了适用于光固化3D打印机的特殊的蜡浇注树脂。该树脂与蜡非常相似，可直接浇铸并具有100%无灰烬烧损，可用于任何类型的DLP或LCD光固化3D打印机。

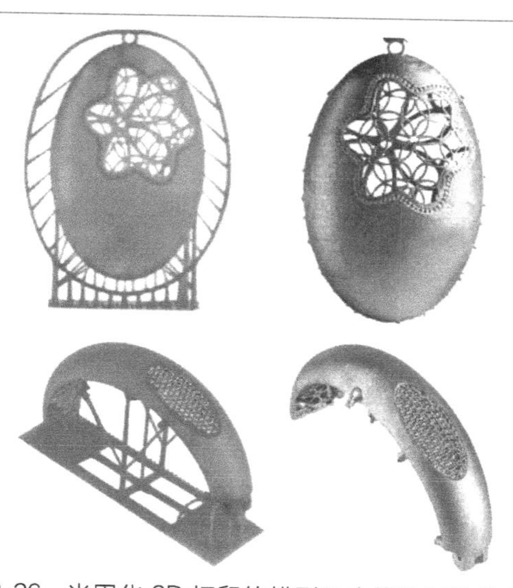

图2-26　光固化3D打印的蜡型及失蜡法制造的首饰

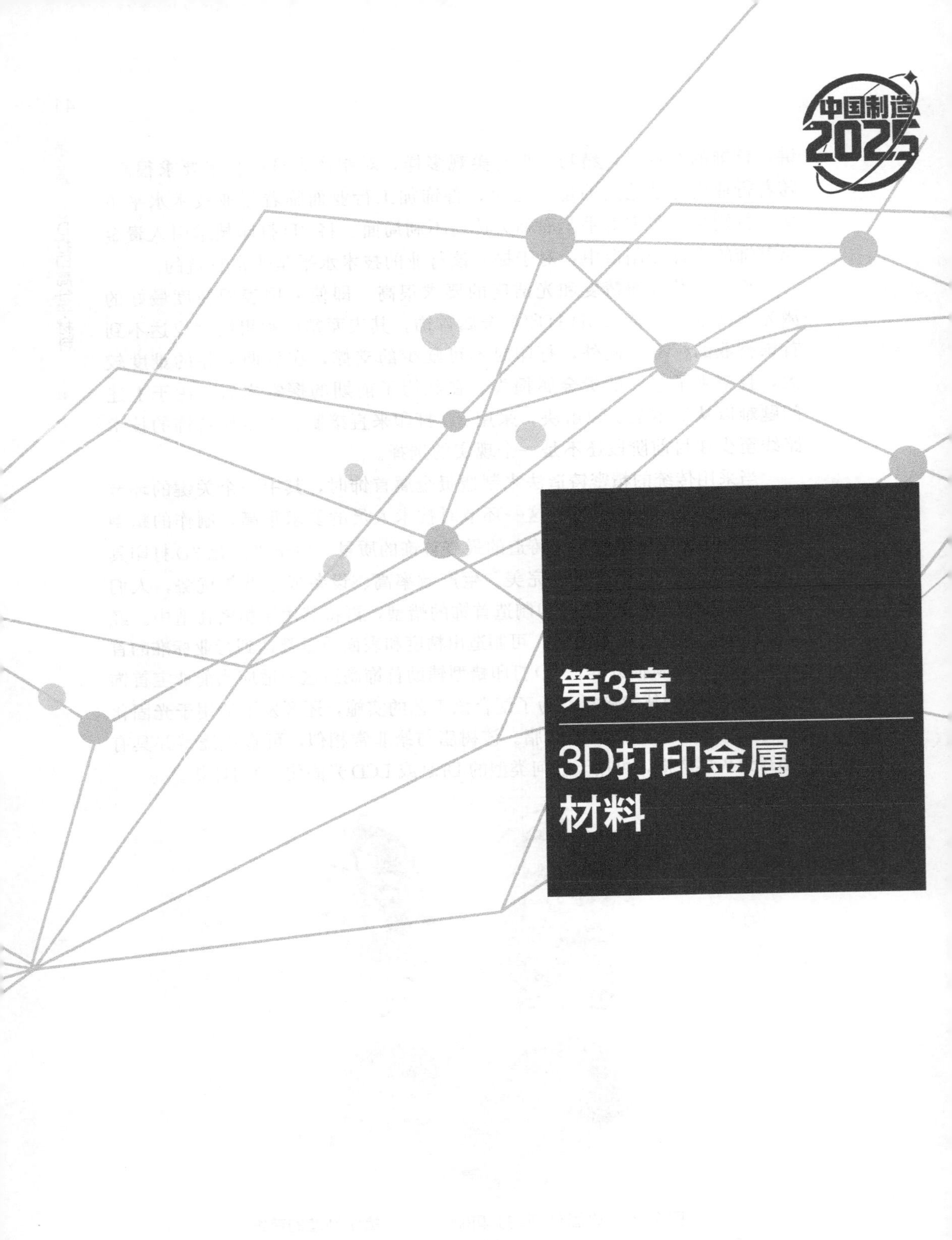

第3章

3D打印金属材料

金属材料是由金属元素或以金属元素为主构成的物质，具有金属光泽、延展性、导电和导热性、磁性、高强度、高断裂韧性、高硬度等性能。金属材料的种类繁多，一般可分为有色金属和黑色金属两大类，具体包括各种纯金属、合金、金属间化合物和特种金属材料等。金属材料是用途广泛的结构和功能材料。一般而言，在传统工艺领域中所使用的金属材料都可在3D打印中应用，但由于3D打印工艺的特殊性，对所使用的金属材料的形态、物理化学属性等也有一些特殊要求。

3.1 3D打印金属材料的形态

金属材料的传统加工手段主要有车、铣、刨、磨等减材机械加工，以及锻压、挤压、冲压等等材塑性加工手段，与之相对应的材料使用形态主要有棒材、板材、线材、管材和型材等，如图3-1所示。

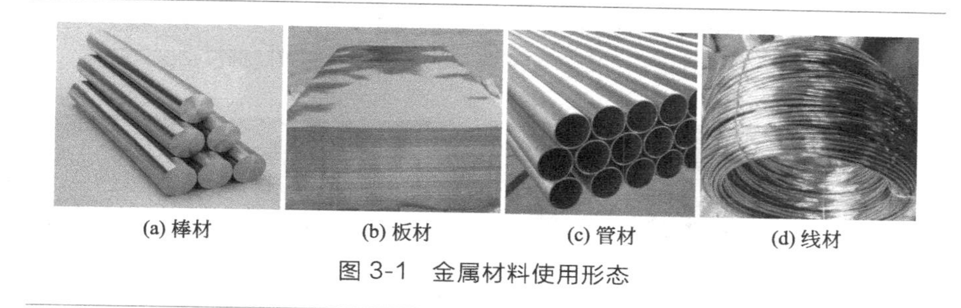
(a) 棒材　(b) 板材　(c) 管材　(d) 线材

图3-1　金属材料使用形态

如前所述，3D打印是一类增材制造加工技术手段，其技术工艺的特点是通过逐点、逐线和逐面累加的方式加工制造三维实体构件。因此，对于金属3D打印，与之相适应的金属材料的形态主要有：微细金属粉末、金属丝材和金属箔材等。

3.1.1 金属粉末

图3-2所示为3D打印所使用的金属粉末的微观形貌和宏观形态，其微观形貌的特点是粉末的球形度高、空心粉和卫星球少；其宏观形态特点是粉末无团聚、流动性好。

典型的卫星球如图3-3(a)所示，在雾化制粉过程中，已凝固的粉末颗粒有一定概率与未凝固的颗粒碰撞，因而在直径较大的粉末颗粒表面可能黏附上直径较小的粉末颗粒，即形成了卫星球。卫星球的存在会降低金属粉末的流动性，因此，3D 打印用金属粉末应尽可能降低卫星球的含量。

气雾化制粉过程中除了会出现卫星球，在一些直径较大的粉末颗粒中还会产生空心粉，其典型形貌如图 3-3(b) 所示。空心粉是因雾化气体被熔体液滴包裹，并保留在凝固的颗粒中而形成的。空心粉的存在会导致 3D 打印构件中存在孔隙，从而降低构件的致密度，引起力学性能的降低。

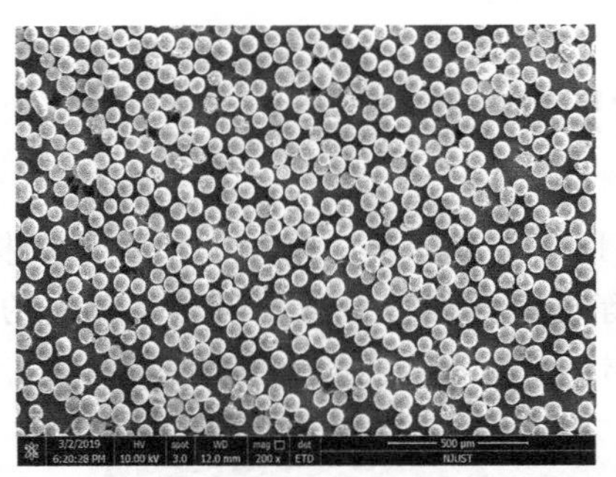

图 3-2 3D 打印所使用的金属粉末的微观形貌和宏观形态

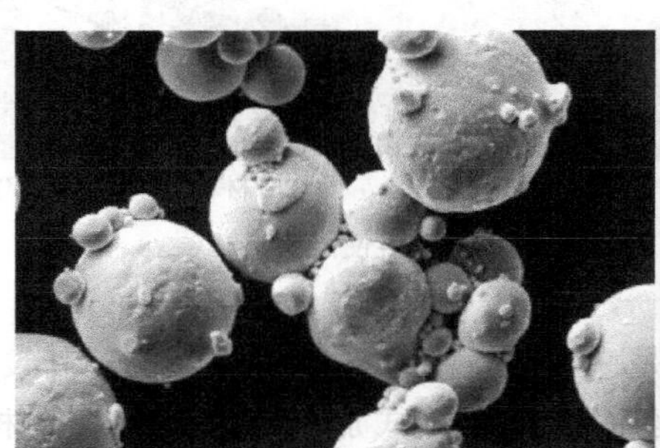

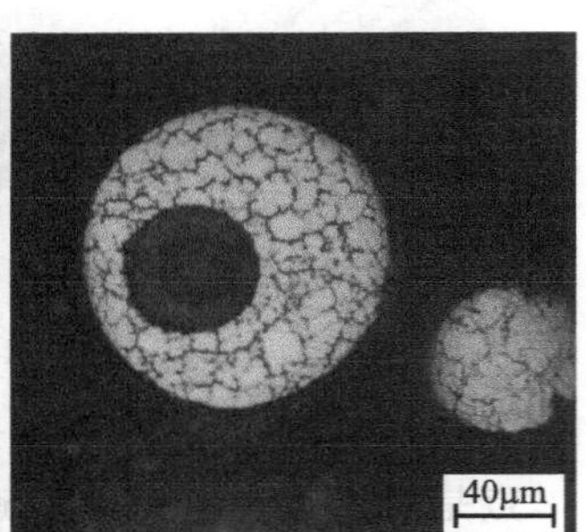

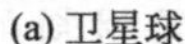

(a) 卫星球　　(b) 空心粉

图 3-3 球形金属粉末的卫星球和空心粉

基于粉末的金属 3D 打印从技术路线上主要有铺粉和送粉两种，前者如选区激光熔化、选区电子束熔化，后者如激光直接能量沉积等。不同的金属 3D 打印技术对所使用的金属粉末的粒径分布有不同的要求。表 3-1 列出了不同的金属 3D 打印技术对所使用的金属粉末的粒径分布要求。可以看出，选区激光熔化要求的粉末粒径在 15～45μm 之间；而选区电子束熔化技术所要求的金属粉末的粒径在 45～100μm 之间。一般而言，使用的金属粉末的平均粒径越细，则打印构件的精度越高，但成型效率会相应降低。

表 3-1 不同的金属 3D 打印技术对所使用的金属粉末的粒径分布要求

3D 打印工艺	粒径范围/μm	成型精度
EBM	45～100	较好
SLM/DMLS	15～45	很好
LENS/DED	25～45	粗糙

3.1.2 金属丝材

金属丝材适用于金属 3D 打印中的电子束熔丝沉积等技术。电子束熔丝沉积成型所使用的金属丝材的直径一般为 2mm，同时要求金属丝材具有高圆度、高尺寸精度、高表面质量以及高尺寸稳定性，以保证送丝的稳定性和沉积体的尺寸稳定性和高致密度。如图 3-4(a) 所示是金属 3D 打印所使用的丝材。

3.1.3 金属箔材

金属箔材适用于箔材叠层实体制作 3D 打印技术。3D 打印所使用的金属箔材的厚度一般为 0.02mm，同时要求箔材表面光滑平整、厚度均匀。由于金属箔材的制造难度大，目前可供选用的金属箔材的种类很少，且价格极高，例如，图 3-4(b) 所示为国产的不锈钢箔材（厚度 0.02mm，俗称“手撕钢”），其价格高达数千元/千克。

(a) 金属丝材

(b) 金属箔材

图 3-4 金属 3D 打印所使用的金属丝材和金属箔材

3.2 3D打印金属材料的种类

金属材料是应用非常广泛的结构和功能材料，常用的有钢铁、铝合金、铜合金、钛合金、镍基合金等。原则上，这些在工业上已经应用的金属材料均可在3D打印领域中使用。但由于3D打印技术对所使用的金属材料的形态和物理化学性能有特殊要求，目前，已经商业化的3D打印用金属材料的种类还很少。下面，以目前使用最多的金属粉末材料为例对3D打印金属材料的种类做简要介绍。

3D打印所使用的金属粉末一般要求纯净度高、球形度好、粒径分布窄、氧含量低，其制造的难度和成本均高于传统的粉末冶金和金属注射成型所用粉末。图3-5列出了目前金属3D打印可以利用的粉末材料，其中TC4钛合金、Inconel 718/625镍基高温合金、316L/17-4PH不锈钢、AlSi10Mg铝合金、CoCr合金、TiAl合金等是应用量最大的金属粉末，并已实现了商品化供应。除此以外，某些纯金属粉末，如钛、铜、钨、金、银等也有少量的研究和应用。而更多的有应用价值的粉末正处于研发或试用中。随着金属3D打印技术的蓬勃发展，可供使用的金属粉末的种类将迅速增加，使用成本将不断降低。

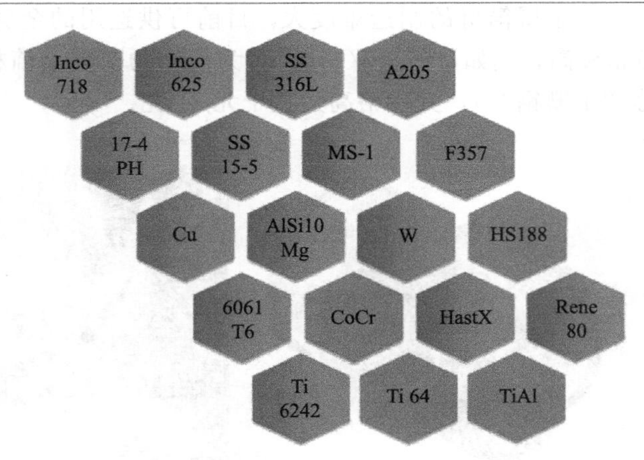

图3-5 金属3D打印可以利用的粉末材料

(1) 钛合金

钛合金具有密度低、强度高、耐蚀性好、耐热性高等特点，是一类优异的航空航天结构材料，广泛用于制造飞机发动机压气机部件，以及火箭、导弹和飞机的各种结构件。3D 打印制造的钛合金构件在航空航天领域具有重要的应用价值。TC4（Ti-6Al-4V）钛合金粉末是目前研究最充分、应用最广泛的 3D 打印金属材料。此外，纯 Ti 粉末和针对生物医学应用的杂质和间隙元素含量更低的 Ti64 ELI 粉末也已实现商品化供应。

（2）高温合金

Inconel 718/625 均为镍基高温合金，前者的成分为 NiCr19Fe19Nb5Mo3，后者的成分为 NiCr22Mo9Nb。Inconel 718 合金在高低温（高温可达 700℃）环境下均具有较高的拉伸强度、优异的抗疲劳、抗蠕变、抗氧化、耐腐蚀等性能，适用于制作航空、航天和石油化工中的环件、叶片、紧固件和结构件等。Inconel 625 的性能与 Inconel 718 相近，但其耐腐蚀性能更为优异，且其使用温度更高，更适用于高温部件、耐腐蚀部件的 3D 打印。

钴铬合金是一种以钴和铬为主要成分的高温合金，其抗腐蚀性能和力学性能都非常优异，特别是生物相容性好。目前，钴铬合金的重要用途是用于打印制作烤瓷牙内冠，已开始快速替代传统铸造钴铬合金内冠。

（3）不锈钢

不锈钢具有优异的耐腐蚀性能、良好的强度和塑性（可通过成分优化、变形加工和热处理等手段来调节其强度、硬度和塑性），是一类用途广泛的金属材料。不锈钢的种类非常多，目前可用于 3D 打印的不锈钢粉末主要有 316L、17-4PH 和 MS1 马氏体沉淀硬化钢等。

316L 具有优异的耐腐蚀性和很高的塑性，可用于钟表和珠宝中的精密部件的 3D 打印、航空紧固件、医疗器械等的 3D 打印制造等。

17-4PH 具有优异的耐摩擦磨损性能和耐腐蚀性能，可用于外科手术器械、矫形器械和耐酸、耐腐蚀部件等的 3D 打印制造。

MS1，即 18Ni（300），是在 Fe-18Ni 中添加 Co、Mo、Ti、Al 等元素而形成的一种马氏体时效硬化不锈钢。MS1 具有高强度和高断裂韧性，可用于各种工具、模具和结构件的 3D 打印制造。

（4）铝合金

铝合金对激光的反射率很高，且铝合金在快速凝固过程中易产生大量裂纹，因此，铝合金的 3D 打印难度较大。AlSi10Mg 是研发成功的适用于激光 3D 打印工艺使用的铝合金，可用于薄壁、复杂形状铝合金构件的 3D 打印制造。但由于 AlSi10Mg 的强度相对较低，所打印的构件多作为模型构件来使用。目前，采用纳米碳管、TiB_2 颗粒、钪等对铝合金进行强化的研究受到了广泛的关注。

TiAl 合金的力学性能和高温抗氧化性能已达到涡轮盘用镍基高温合

金水平，而密度只有其一半。TiAl合金在航空发动机等部件上的应用所带来的减重效果和燃油效率的提升十分显著。然而，TiAl合金具有室温塑性低、可加工性差的缺点，因此，发展适用于TiAl合金的新加工制造技术非常有应用价值。美国通用（GE）公司和德国西门子公司都把3D打印作为实现TiAl涡轮叶片等结构复杂部件高效设计、验证和生产的革命性新技术。目前，选区电子束熔化和选区激光熔化技术都开始应用于TiAl合金部件的打印。如图3-6所示为笔者采用选区激光熔化技术打印的一种TiAl合金原型样件。可以预见，3D打印TiAl部件在航空发动机上的应用必将带来航空飞机制造技术的飞跃。

图3-6 选区激光熔化技术打印的TiAl合金原型样件

（5）块体非晶合金

除了上述已经发展较为成熟的3D打印金属材料之外，目前，也有许多正在研发的新型3D打印金属材料，例如，块体非晶合金、高熵合金等。下面简要介绍下块体非晶合金在3D打印技术领域的发展情况。

块体非晶合金（又可称为“块体金属玻璃”）具有高强度、高硬度、高弹性极限、高耐蚀以及优异的铁磁性能等特点，在国防装备、航空航天、精密机械、生物医用以及体育用品等众多领域具有重要的应用价值。例如，在国防装备领域，利用块体非晶合金所具有的“自锐性”特点，将其同钨丝复合所制备的钨丝增强块体非晶合金复合材料用于制作动能穿甲弹弹芯，能够有效替代贫铀穿甲弹，降低战争所带来的人员伤害与战后污染。在航空航天领域，块体非晶合金可用于制造航空或航天器的结构桁架以及防护壳体等部件，如制成保护壳抵御太空中微流星以及轨道碎片对航天器的撞击威胁。在精密机械领域，块体非晶合金可用于制作高精度受力抗磨损部件，如使用块体非晶合金制造的微齿轮可替代传统材料有效提高齿轮的使用寿命。在生物医用领域，块体非晶合金除可用于制造手术器械，还可作为生物相容性材料植入体内。除上述应用外，块体非晶合金因其优异的铁磁性能，亦可广泛应用于电力、电子与信息等领域，成为变压器、电感器与传感器等器件制造的关键性材料。此外，利用块体非晶合金的高弹性特点，还可将其用于棒球棒以及高尔夫球杆杆头等体育用品的制造。

然而，块体非晶合金有着苛刻的形成条件，其非晶形成能力同合金组分密切相关，目前虽有少部分含贵金属元素 Pt 与 Ag 以及有毒元素 Be 的合金体系非晶形成临界尺寸能够达到数个厘米的量级，但仍有不少的合金体系非晶形成临界尺寸仅在数个毫米量级或是更低；与此同时，块体非晶合金在快淬成型过程中还有着高黏度的特点。以上因素，使得通过传统快速冷却的方式难以实现大尺寸异形块体非晶合金的制备成型。此外，通过非晶合金粉末的热压烧结与放电等离子烧结等技术亦无法实现异形块体非晶合金的制备成型。因而，为解决块体非晶合金实际应用中所面临的成型尺寸与形状受限问题，促进块体非晶合金的广泛应用，亟需开发块体非晶合金新型制备技术。

选区激光熔化（selective laser melting，SLM）成型通过激光依照计算机给出的路径数据扫描铺粉器预铺的一层合金粉末，使粉末快速熔化与冷却凝固，同下一层形成冶金结合，并通过逐层累积完成合金样件制备，是一种能够实现大尺寸与复杂几何形状金属样件制备成型的技术。SLM 成型技术激光的扫描速率可达 7m/s 以上，能够有效满足非晶合金形成过程中对冷却速率的较高要求，此外，SLM 成型技术通过每一层的选择性烧结以及逐层累积，使其能够实现大尺寸以及具有复杂几何形状的块体非晶合金样件制备。

2013 年，Pauly 等通过选区激光熔化成型技术成功制备了具有复杂几何外形的 $Fe_{74}Mo_{4}P_{10}C_{7.5}B_{2.5}Si_{2}$ 块体非晶合金，如图 3-7 所示。SLM 成型试样保持了原始粉末的非晶结构特征，验证了 SLM 成型技术制备大尺寸异形块体非晶合金的可行性。作者研究了 $Cu_{50}Zr_{43}Al_{7}$ 块体非晶合金的选区激光熔化成型。图 3-8 中展示了在 25.0J/mm^{3} 的能量密度下，SLM 成型大尺寸异形无裂纹 $Cu_{50}Zr_{43}Al_{7}$BMG 样件的宏观照片。其中，图 3-8(a) 所示的全尺寸 Cu 基 BMG 样件横向直径可达 20mm，突破了 $Cu_{50}Zr_{43}Al_{7}$ 非晶合金于快淬成型过程中非晶形成毫米量级临界尺寸的限制，与此同时，还可以看到，其截面在经打磨与抛光处理后，展现出良好的致密度与金属光泽。图 3-8(b)～(d) 展示了多种拥有复杂几何构型的 Cu 基 BMG 样件。其中，图 3-8(c) 中样件还有着独特的镂空结构。

以上异形样件的制备通过以往传统的制备成型技术均难以实现，充分说明 3D 打印技术可使 Cu 基 BMG 摆脱传统快冷制造技术所带来的尺寸和几何形状的限制，并实现了块体非晶合金的近净成型。

图 3-7 SLM 成型 $Fe_{74}Mo_4P_{10}C_{7.5}B_{2.5}Si_2$ 块体非晶合金

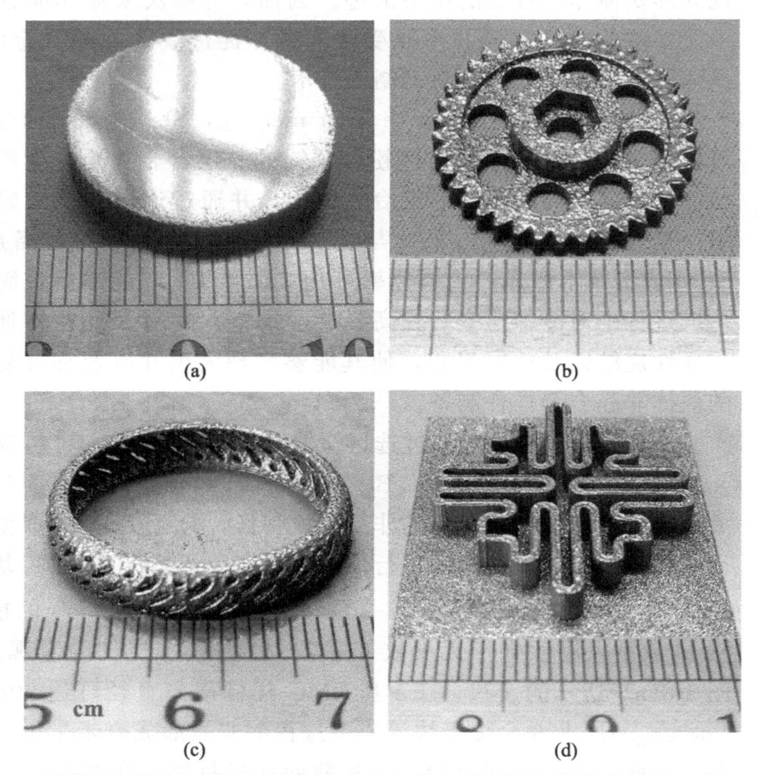

图 3-8 SLM 成型大尺寸异形 $Cu_{50}Zr_{43}Al_7$BMG 样件的宏观照片

3.3 3D打印金属材料的制备

3.3.1 球形金属粉末的制备

目前，用于金属3D打印的激光/电子束选区熔化成型技术均采用预先铺粉方式；而激光近净成型采用同步送粉方式。无论是预先铺粉还是同步送粉，都要求粉末的流动性要好，也就是粉末要具有高球形度。此外，粉末还应具备氧含量低、粒径细、纯净度高等特性，以保证成型构件的高致密度及优异力学性能。针对上述要求，确定以气雾化作为3D打印用金属粉末的主要制备方法。

气雾化制粉的原理是用高速气流将液态金属流破碎成大量细小的金属液滴，由于气雾化冷却速率相对较慢，细小的液滴在飞行过程中有充足的时间在表面张力的作用下形成球形（图3-9为荷叶上的小水滴在表面张力的作用下收缩成球形）并进一步凝固成球形颗粒。因此，气雾化粉末一般都具有很好的球形度；其次，为了制备低氧含量、高纯净度的金属粉末，需采用母合金超纯净熔炼、雾化中间包静置脱氧除渣、高真空惰性气体雾化技术等；最后，为了获得细粒径金属粉末，可采用超音速气雾化技术，通过提高气体的动能来增强其对熔体液滴的破碎力，从而经济、高效地制备10～100μm之间的各种细粒径金属粉末。

图3-9 荷叶上的小水滴在表面张力的作用下收缩成球形水珠

由于不同金属材料的熔点、活性、熔体黏度等存在很大的差别，因此，其球形粉末的制造技术与工艺存在显著区别。目前，用于制造低氧球形细粒径金属粉末的技术主要有真空气雾化、等离子旋转电极雾化、无坩埚感应电极气雾化、等离子球化等。下面对上述主流技术分别做简要介绍。

（1）真空气雾化

如前所述，气雾化制粉的原理是用高速气流将液态金属流破碎成大量细小的金属液滴，细小的液滴在飞行过程中在表面张力的作用下收缩成球形并进一步凝固成球形颗粒。由于3D打印要求粉末的氧含量低，因此，需要将气雾化装置的合金熔炼、雾化制粉、粉末收集和分级全程置于高真空和惰性气体保护下进行，即形成真空气雾化制粉装置。通过对雾化喷嘴的结构改进，可将雾化气流速率提高至2～3马赫，形成超音速气流，可大幅度提高细粒径粉末的收得率。图3-10是笔者研制的超声速真空气雾化制粉装置及所制备的球形金属粉末样品。

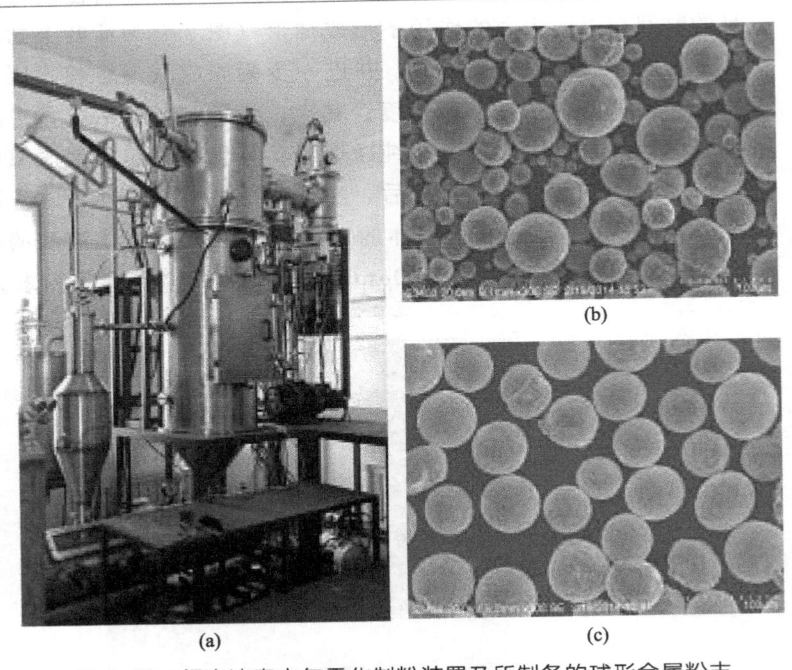

图3-10 超声速真空气雾化制粉装置及所制备的球形金属粉末

（2）等离子旋转电极雾化制粉

等离子旋转电极雾化制粉法是以金属或合金制成自耗电极，其端面受电弧加热而熔融为液体，通过电极高速旋转的离心力将液体抛出并粉碎为细小液滴，继之冷凝为粉末的制粉方法，其原理如图 3-11 所示。等离子旋转电极雾化制粉特点为：粉末粒径分布窄，粒度更可控，球形度高；粉末基本不存在空心粉、卫星粉；粉末陶瓷夹杂少，洁净度更高；粉末氧增量少；惰性气体消耗量极少。然而，等离子旋转电极制粉法所得到的粉末的粒径较粗，更适合于制造电子束选区熔化或激光熔敷技术等 3D 打印技术所需粒径在 70μm 以上的较粗粉末。若想提高细粒径粉末的收得率，则需大幅度提高电极的旋转速率，其难度明显加大。

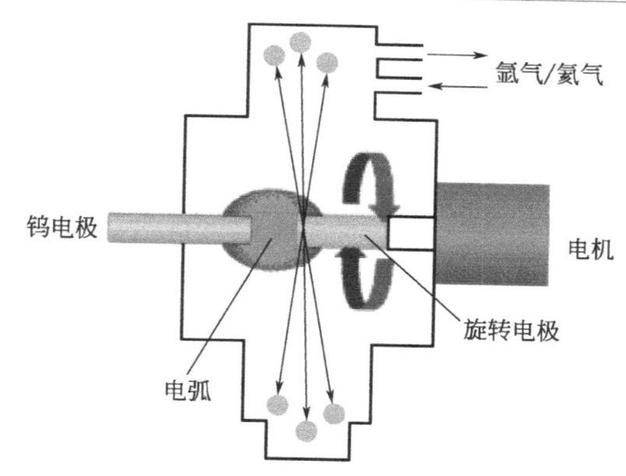

图 3-11 等离子旋转电极雾化制粉原理

(3) 无坩埚电极感应熔炼气雾化

无坩埚电极感应熔炼气雾化技术是德国 ALD 公司开发用来制备钛合金粉末的雾化制粉技术。其原理为在无坩埚、惰性气体保护下，原料棒在高频感应器中缓慢旋转、加热、熔化成液流自由下落，直接掉入雾化器后，被高压（超音速）惰性气体冲击破碎成大量细小液滴。然后，小液滴在雾化塔中飞行凝固成球状粉末。熔炼雾化过程中原料并未与坩埚和导流管等接触，因此生成的粉末未受污染，纯净度很高。

图 3-12 所示说明了制备 TiAl 合金粉末的过程：在惰性气体保护下，TiAl 原料棒材通过感应加热，铸棒表面缓慢熔化成连续的金属液流自由下落，开启雾化喷嘴高压气阀，高压气体通过小喷嘴形成漏斗状的雾化气流，液流被高压氩气气流冲击破碎成大量细小液滴，小液滴在雾化塔中飞行冷却凝固成球状粉末。待金属粉末充分冷却后收集并筛分粉末。将制备得到的粉末样品筛分后进行后续的分析和打印实验。

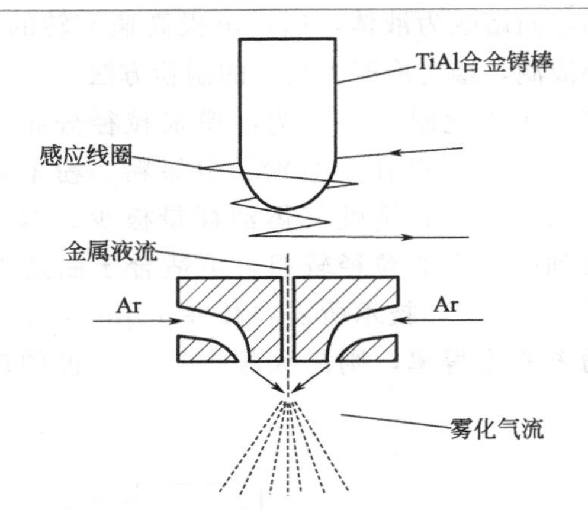

图 3-12 无坩埚电极感应熔炼气雾化原理示意

(4) 等离子球化

等离子球化是一种在金属颗粒飞行过程中对其进行熔化和重塑球化的工艺。其原理如图 3-13 所示，将形状不规则的金属粉体喷入一股感应等离子体气体，在极高的温度下，这些粉体会立刻熔化，然后在表面张力的作用下收缩变成球形。而这些球形的液态金属滴一旦离开等离子流就会立即冷却，凝固成球形颗粒。

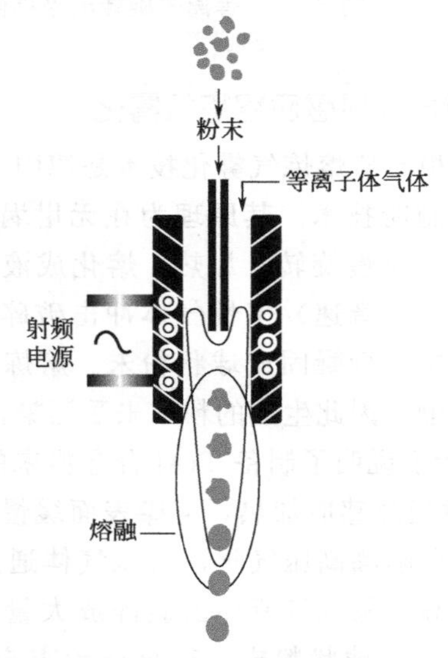

图 3-13 等离子球化原理示意

3.3.2 金属丝材的制备

目前，应用于3D打印的金属丝材主要是直径2mm的各类金属和合金丝材，其制备技术一般可采用用于传统金属丝材制备的拉拔法。

不锈钢丝材的典型生产工艺：成分设计→真空感应熔炼→电渣重熔精炼→钢锭→热轧→盘条→表面处理（酸洗）→涂层→烘烤→粗拉→去涂层→无氧化连续热处理→在线涂层烘干→中拉拔（在线去涂层）→二次无氧化连续热处理→湿式细丝拉拔（水箱拉丝机）→工字轮收线→质量检测。

钛合金丝材的典型生产工艺：盘条精整→检验→固溶处理→涂层→烘干→拉拔→酸洗→精整→检验→固溶处理→涂层→烘干→拉拔→酸洗→固溶处理→检验。

根据生产实践经验，在上述生产过程中，影响丝材表面质量的关键工序是拉拔。图3-14所示为金属丝材拉拔生产线（部分）。

图3-14 金属丝材拉拔生产线（部分）

3.3.3 金属箔材的制备

大面积金属箔材的制造是非常困难的，这也是金属箔材叠加成型发展较为缓慢的主要原因。可喜的是，2018年，山西太钢建成了“手撕钢”自动化生产线，可大批量生产厚度低至0.02mm的大尺寸不锈钢片。这种不锈钢片从形状、尺寸和性能上均满足金属箔材叠加成型的需求。图 3-15 为生产该不锈钢薄片的轧机。图中发亮的白点就是轧机中的轧辊，从中穿过的白线就是不锈钢带，把一卷原始的钢带放进轧机里，轧辊就会像擀面杖一样把钢带从厚擀薄。要想生产出“手撕钢”，一根轧辊需要擀压的次数是 24 次，每擀压一次，轧辊表面都会有磨损，打磨一层磨损面，轧辊的直径就会下降 0.5mm。

图 3-15 生产不锈钢薄片的轧机

3.4 3D 打印金属材料的评价

3.4.1 金属粉末的粒径及粒径分布分析

金属粉末的粒径及粒径分布一般可采用激光粒度仪进行测试分析。

激光粒度仪是利用颗粒能够使激光产生散射的原理进行粒度分布测试的。激光具有良好的单色性以及极强的方向性，因此当一束平行的激光在没有阻碍的无限空间内传播时，可以传播到无限远的地方，而且在其传播过程极少发生发散现象。当激光束遇到颗粒阻挡时，一部分光将发生散射。散射现象的发生使其传播方向与原主光束的传播方向成一个夹角 θ。而该散射角 θ 的大小主要与颗粒的粒径有关，颗粒越大，发生散射的激光的 θ 角越小；相反，颗粒越小，发生散射的激光的 θ 角越大。而某尺寸颗粒的数量取决于散射激光的强度。激光粒度仪就是利用这个原理在不同的角度上测量散射激光的强度，进而测得颗粒样品的粒度分布。

图 3-16 为制备的 2Al4 铝合金粉末的粒度分布图，由区间粒度分布曲线可以看出，粉末粒度为单峰分布，且为近似正态分布。由累积粒度分布曲线可以看出粒径≤78μm 的粉末占所得粉末的 85%，其中 40μm 的粉末约占 55.51%。若以累积质量分数为 50%所对应的铝合金粉末的粒径作为平均粒径，则其平均粒径约为 40.62μm。

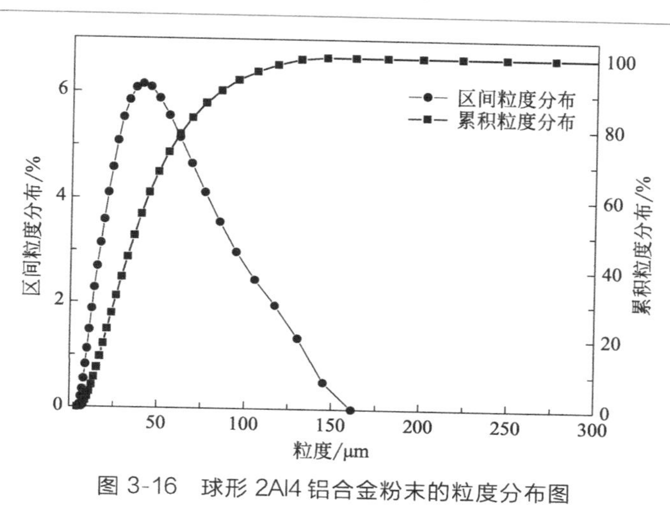

图 3-16 球形 2Al4 铝合金粉末的粒度分布图

3.4.2 金属粉末的形貌分析

金属粉末的形貌可通过金相显微镜和/或扫描电镜进行测试分析。扫描电镜采用一束极细的电子束对样品进行扫描，电子束在样品表面激发出与该电子束入射角相关的次级电子，产生次级电子的数量与样品的表面结构有关，这些次级电子产生后被探测体收集，通过闪烁器被转变成为光信号，再经光电倍增管、放大器转变为电信号，通过荧光屏反映电子束的强度，进而显示出与电子束同步的表征标本的表面结构的立体扫描图像。

图 3-17 是无坩埚电极感应熔炼超音速气雾化法制备的 TiAl 合金粉末的形貌，由图 3.17(a) 可见制得的合金粉末的形状均呈现球形，而且粉末的表面光洁度高。另外可以观察到少量粉末伴有卫星颗粒，这是由于气雾化制粉过程中，尺寸较大的金属液滴受到高速雾化气体冲击的瞬间，破碎成无数个小液滴，与此同时，会发生不同粒度粉末间相互接触，粒度小的粉末颗粒容易被吸附到粒度大的粉末颗粒的表面，从而出现“卫星球”。无坩埚电极感应熔炼超音速气雾化制得的粉末的球形度较高，

杂质含量少。球形度高的粉末在选区激光熔化成型的铺粉过程中具有较好的流动性，粉末层可以有效均匀地铺展开，有利于粉末成型，提高成型件的致密度。图 3-17(b)、(c) 可以观察到制备得到的 TiAl 合金粉末表面的凝固组织特征。粒度较大的粉末（粒径约 120μm）的表面形貌呈现为发达的胞状枝晶，胞状枝晶近似等轴状［图 3-17(b)］。随着粉末粒度的减小，粒径约为 50μm 的粉末表面枝晶组织细化，尺寸也趋于均匀［如图 3-17(c)］。粉末的凝固组织主要由冷却速率、液相内的温度梯度 G 和凝固速度 R 共同决定，随着冷却速率的增加，G/R 的值减小，晶面的形貌开始由平面晶向胞状晶转变。

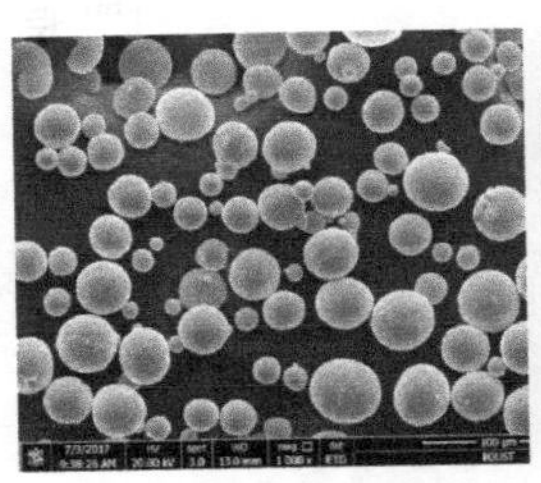
(a) 粉末整体形貌

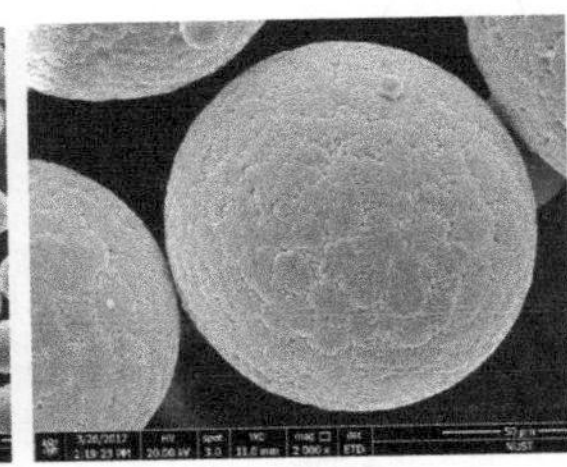
(b) 粗粉表面组织

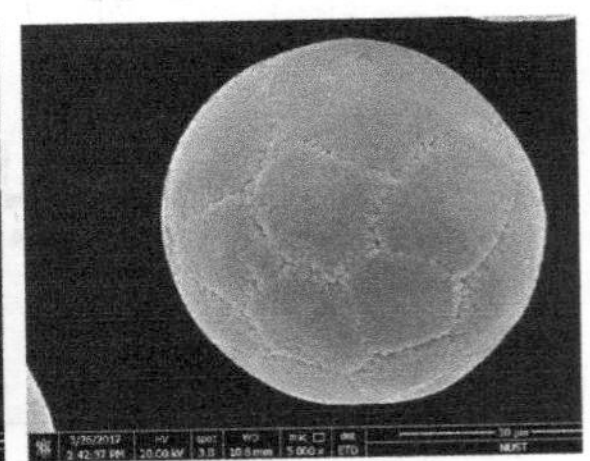
(c) 细粉表面组织

图 3-17 TiAl 合金粉末形貌

3.4.3 金属粉末的相结构分析

金属粉末的相结构可以采用 X 射线衍射（XRD）进行测试分析。

以下以笔者所制备的块体非晶合金粉末为例做一简要说明。为分析不同粒度 $Cu_{50}Zr_{43}Al_7$ 非晶合金粉末的相组成，对其进行了 XRD 测试。图 3-18 展示了所制备粉末的 XRD 图谱。结果显示，随着粉末粒度的增大，气体雾化过程冷却速率的降低，Cu 基非晶合金粉末内部出现明显的相分离现象，并在－200/＋325M Cu 基非晶合金粉末中可以观察到单质 Al 的出现，另在－100/＋200M Cu 基非晶合金粉末中可以观察到 CuZr、$Cu_{10}Zr_7$ 与 Al_2Zr 相的生成。然而，以上晶体相在 XRD 图谱中所对应的尖锐衍射峰相较于非晶相的漫散峰并不明显，表明－200/＋325M 与－100/＋200M Cu 基非晶合金粉末内部仅有少量晶体相的生成，相组成仍以非晶相为主。与此同时，－325M Cu 基非晶合金粉末的 XRD 图谱中没有尖锐晶体相衍射峰的出现，表明其内部全非晶结构的形成。

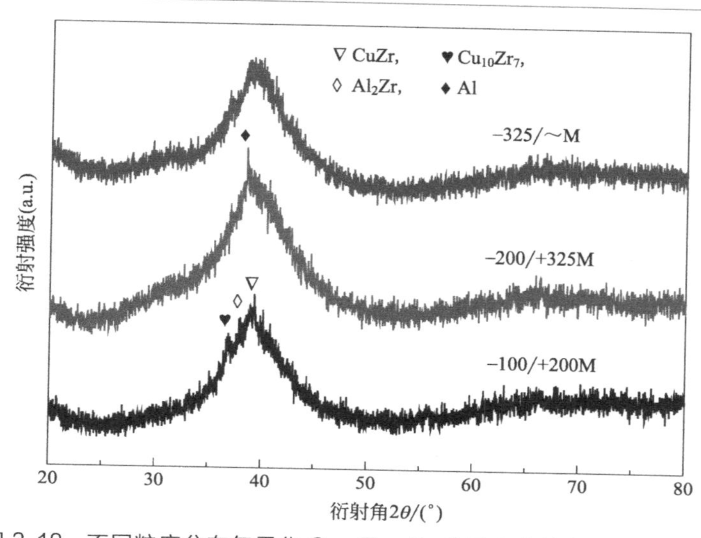

图 3-18　不同粒度分布气雾化 $Cu_{50}Zr_{43}Al_7$ 非晶合金粉末的 XRD 图谱

3.4.4　金属丝材的性能评价

对于 3D 打印所用的金属丝材的要求和评价指标主要为：丝材直径稳定性高，允许偏差＜0.1mm；圆度高，误差不大于直径允许偏差的50％；丝材表面质量高，表面光滑平整、无毛刺、无划痕、无锈蚀和氧化皮；丝材松弛直径≥300mm，翘距≤30mm。

3.5　金属材料 3D 打印应用案例

3.5.1　3D 打印航空发动机燃油喷嘴

飞机是现代社会的重要交通运输工具之一。绝大多数飞机都是由机翼、机身、尾翼、起落装置和动力装置组成。其中，动力装置即航空发动机为飞机飞行提供所需的动力，是飞机的重要组成部分，被称为飞机的“心脏”，其价值约占整机价值的 30％。航空发动机被誉为制造业的“圣杯”，代表了一个国家科技、工业和国防的整体水平。

航空发动机主要有活塞式发动机、燃气涡轮发动机和冲压发动机 3 种类型，目前，民用航空飞机的动力装置主要使用的是燃气涡轮发动机。

从结构上看，燃气涡轮航空发动机包括进气道、压气机、燃烧室、涡轮和尾喷管5个组成部分。其中，燃烧室是燃料燃烧生成高温燃气的装置，由扩压器、燃烧室壳体、火焰筒、燃油喷嘴和点火装置等构成。燃烧室可分为单管燃烧室、联管燃烧室和环形燃烧室3种类型。其中，环形燃烧室是当前航空发动机所采用的主流燃烧室类型，其在结构上由四个同心的圆筒组成，在火焰筒的头部装有一圈燃油喷嘴和火焰稳定装置。燃油喷嘴的功能是喷出并雾化适量的燃料，同压气机进来的空气充分混合、燃烧，进而产生高温燃气。图3-19是美国GE公司LEAP航空发动机燃烧室结构示意图，图中标明了燃油喷嘴的位置。燃油喷嘴的性能决定了燃油的燃烧效率并直接影响飞行动力的输出，因而是航空发动机燃烧室的关键组成部分。通常，一个燃烧室配有20个左右的燃油喷嘴。燃气涡轮航空发动机燃油喷嘴有离心式喷嘴、气动式喷嘴、蒸发管式喷嘴和甩油喷嘴等类型。

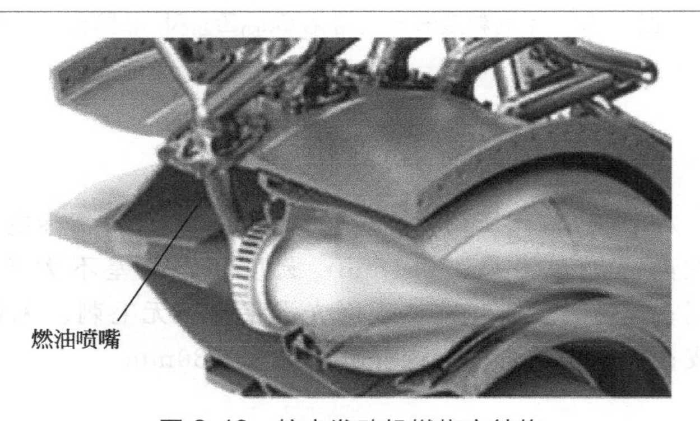

图3-19 航空发动机燃烧室结构

燃油喷嘴一般由喷嘴壳体、主喷口、副喷口、分油衬套和螺帽等多个部件组成。例如，美国GE公司制造的航空发动机燃油喷嘴由20个部件组成。传统上，燃油喷嘴各组件采用机加工的方法制造，其加工工序一般包括毛坯制造、粗加工、中间检验、细加工、热处理、细加工、精加工等多道工序。燃油喷嘴则由各组件采取焊接、铆接等方式组合装配而成。显然，由于燃油喷嘴的结构复杂、体积小、尺寸精度要求高、各部件组装工艺复杂，导致其制造难度大、生产周期长。

3D打印（增材制造）特别适合于形状复杂、具有内部腔体的构件的整体成型。美国GE公司在3D打印技术领域开展了长期的研发。2010年，GE公司成立了航空增材制造团队，2012年推出了第一代3D打印燃油喷嘴，借助选区激光熔化3D打印技术，将原需先分别制造20个零部件再组装成整体的制造方法优化为选区激光熔化一次整体成型，从而实现了燃油喷嘴的整体制造，使得燃油喷嘴的制造效率大大提升。图 3-20（a）为 GE 公司采用 3D 打印制造的燃油喷嘴，图 3-20(b) 为采用该燃油喷嘴的 LEAP 发动机。经过大量的实验验证，与传统方法制造的燃油喷嘴相比，3D 打印燃油喷嘴可减重 25%，使用寿命提高 5 倍，降低成本 30%。2015 年，3D 打印燃油喷嘴通过了 FAA 的适航认证，并成功应用于 LEAP 航空发动机。目前，GE 公司的 3D 打印燃油喷嘴的生产量已达到 30000 件/年。装配该 3D 打印燃油喷嘴的 LEAP 航空发动机已应用于波音、空客和我国正在研制的 C919 大飞机中。航空燃油喷嘴成为 3D 打印技术在航空领域的成功应用案例之一。

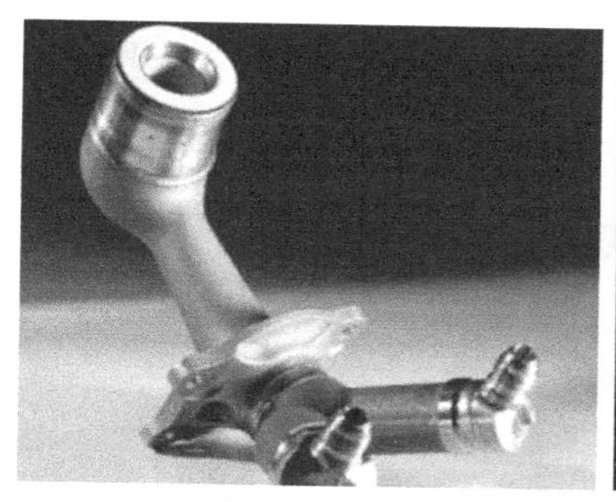
(a) 3D打印制造的燃油喷嘴

(b) LEAP发动机

图 3-20　美国 GE 公司的 3D 打印燃油喷嘴及 LEAP 发动机

3.5.2　3D 打印钛合金构件在 C919 大飞机上的应用

2017 年 5 月，我国自主研制的首架国产大型客机 C919 成功试飞。之后不久，第二架和第三架 C919 飞机也试飞成功。目前，共有三架 C919 飞机正在研制中。可以预见，C919 大飞机将成为我国继高铁之后的又一张闪亮的中国制造名片。

C919 大飞机中采用了多件 3D 打印的钛合金构件。例如，C919 机头的钛合金主风挡整体窗框，尺寸大、形状复杂，国内的飞机制造厂用传统制造方法无法在短时间内做出，国外只有欧洲一家公司能制造该窗框，但是模具费用高，而交货周期要两年。显然，钛合金整体窗框的制造成为 C919 大飞机研制中的棘手难题之一。2009 年，北京航空航天大学的王华明教授团队解决了该难题，通过采用金属 3D 打印技术，无需加工制造模具，仅用 55 天时间就制造出了钛合金主风挡整体窗框，且零件成本还不足欧洲锻造模具费的十分之一。图 3.21 所示即为采用金属 3D 打印技术制造的钛合金整体窗框。

图 3-21　3D 打印技术制造的钛合金整体窗框

图 3-22　3D 打印技术制造的钛合金中央翼缘条

飞机的中央翼指机翼的中段，主翼就连接在此段上。在大型飞机上，中翼和机身结为一个整体，并连接发动机短舱及起落架。中央翼用来承受两边大翼的升力和机身的重力，是整架飞机受力最重要的部件。C919 大飞机中的中央翼缘条就是用 3D 打印技术制造的。图 3-22 所示为 3D 打印技术制造的钛合金中央翼缘条。此外，C919 大飞机首架机风扇进气入口构件、C919 前机身和中后机身的登机门、服务门以及前后货舱门上都装载了 3D 打印的钛合金零部件。随着 3D 打印技术的不断发展，预计将有越来越多的飞机部件采用 3D 打印来制造，或许将来有一天，采用 3D

打印技术制造整架飞机也能成为现实！

3.5.3 3D打印烤瓷牙义齿金属内冠

烤瓷牙是现在使用最多的牙体修复手段。通过传统手工技术制造义齿金属内冠，首先是根据患者的口腔印模灌注出石膏模型，然后用根据石膏模型制作出烤瓷牙的蜡型。接下来进入到金属内冠的失蜡铸造工艺，主要包括铸道安装、包埋、失蜡、铸造四个步骤。最后，经过表面处理、饰面工艺最终完成烤瓷牙的制作。制造蜡型的蜡在加工过程中容易收缩变形，在金属内冠铸造工艺中，由于热加工，金属会产生变形。这些因素导致的偏差将会给佩戴者带来不舒适感。一旦需要返工，则将增加加工成本和患者的椅旁时间。传统的义齿加工过程主要依靠牙科技师个人技能和经验，属于一种劳动密集型工作。目前，国内有资质从事义齿加工的单位约有1900余家。由于义齿加工工序复杂、加工周期长，对操作工人的要求高且培训期长，人力成本较高。金属3D打印完全取代了传统义齿加工中的蜡型制作、失蜡铸造等工艺过程，具有自动化程度高、产品一致性好、减少对技术工人的依赖，因此，越来越多的义齿加工中心开始采用3D打印技术来制作义齿。图3-23所示为3D打印的钴铬合金烤瓷牙内冠和支架。目前，国内义齿加工量已达到近4000万颗/年，以每颗牙需3g钴铬合金粉末计，若都采用3D打印技术加工，则每年对钴铬合金粉末的需求量达到120吨。

图3-23 3D打印的钴铬合金烤瓷牙内冠和支架

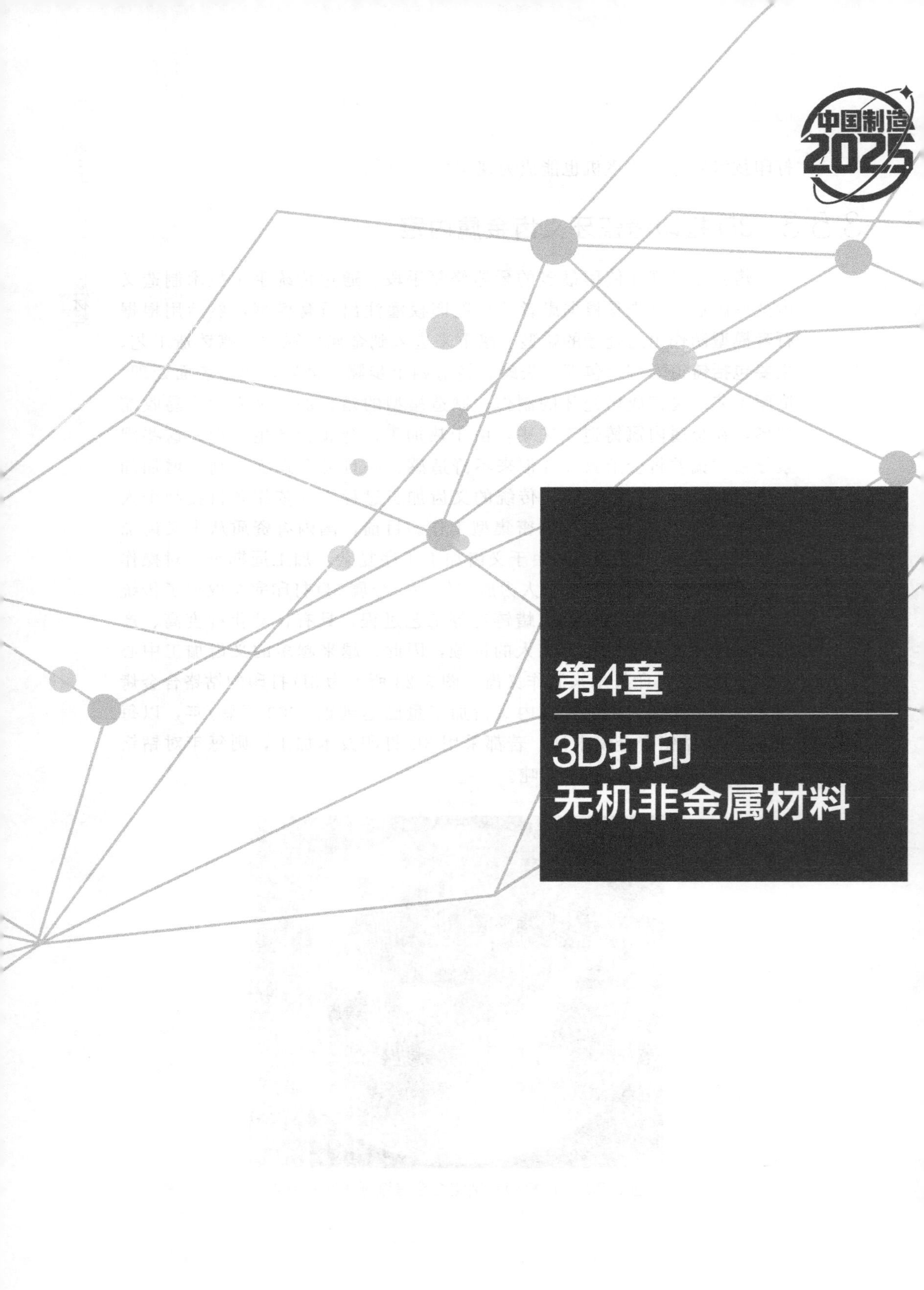

第4章

3D打印无机非金属材料

广义上，无机非金属材料涵盖的材料种类非常多，包括了有机高分子材料和金属材料以外的所有材料。本书中，无机非金属材料主要是指传统的水泥、玻璃、陶瓷材料和先进精细陶瓷材料。无机非金属材料中的原子以共价键、离子键或兼有共价键和离子键的形式结合在一起，键合强，其中共价键具有饱和性和方向性。无机非金属材料一般具有结构稳定、熔点高、强度高、硬度高、脆性大、耐磨损和耐腐蚀性好等特性。绝大多数无机非金属材料的导电、导热性较差。某些种类的陶瓷，如钙钛矿陶瓷材料，还具有压电、铁电、光电等丰富的功能特性。无机非金属材料的种类和性质差别很大，其加工制造技术也丰富多样。但总体来说，无机非金属材料，特别是陶瓷材料，属于难加工材料。因此，开发适用于无机非金属材料的新型加工制造技术，特别是 3D 打印技术，对于推进无机非金属材料的发展和应用是非常有价值的。

4.1 无机非金属材料的传统加工制造技术

无机非金属材料的种类繁多，相应地，其传统加工制造技术也丰富多样。

传统无机非金属材料中的玻璃在一定的温度范围内为软化状态，可以进行热加工，因此，在该温区内可以采取吹、拉、压、铸等手段来成型。如图 4-1 所示就是古老的人工吹制玻璃成型方法。

陶瓷材料可分为传统陶瓷和现代特种陶瓷。传统陶瓷的典型加工工艺：配料→制备坯料→坯料成型→干燥→上釉→高温烧结→后续加工→成品。其中，最重要的两道工序是坯料成型和高温烧结。坯料成型方法主要有可塑成型、注浆成型和压制成型三大类。如图 4-2 所示为我国传统陶瓷制造工艺中的旋坯成型法，主要适用于具有回转中心的圆形器具。

水泥是一类粉状水硬性无机胶凝材料，将其加水搅拌后形成浆体，能在空气或水中硬化，并把砂、石等材料牢固地胶结在一起，主要用于各类建筑构件。从定义和特性就可以看出，水泥一般是不单独使用的，而是要和砂、石等材料按一定的比例混合起来使用，其形态一般为浆体，可通过模具以注浆成型的方式来制造各种建筑构件。

图 4-1 古老的人工吹制玻璃成型方法

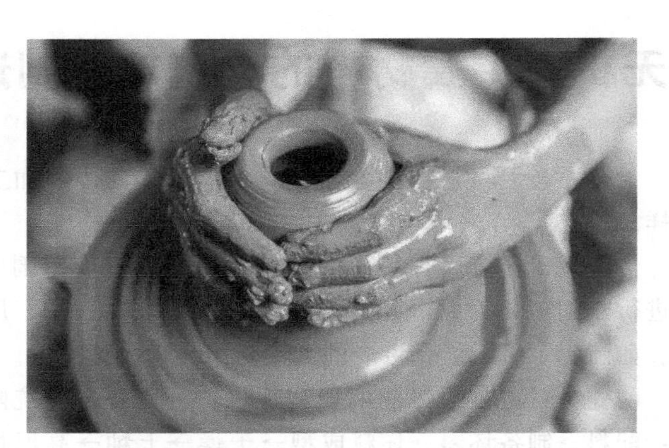

图 4-2 我国传统陶瓷制造工艺中的旋坯成型法

现代特种陶瓷多利用其电学、光学等功能特性，应用于各类功能器件。由于不同陶瓷材料在成分、结构与相变、物理与化学性质等方面差别很大，因此，其加工制造技术也各有特点。例如，人工蓝宝石晶体（Al_2O_3 单晶）的主流制造工艺是先采用提拉法制造大尺寸的单晶锭，再用机加工手段来加工制造不同形状和尺寸的制品。如图 4-3 所示为采用提拉法制造的蓝宝石单晶锭，以及机加工制造的单晶柱和切片。而多晶陶瓷制品一般可将陶瓷粉料压制成型后，再进行无压或加压高温烧结来得到最终成品。

图 4-3 提拉法制造的蓝宝石单晶锭及机加工制造的单晶柱和切片

4.2 3D打印无机非金属材料的形态和种类

4.2.1 3D打印无机非金属材料的形态

基于3D打印的成型原理，其所使用的原料必须先离散成细小的材料单元。对于无机非金属材料来讲，虽然其种类和性质非常多样化，但在采用3D打印技术来成型时，其形态一般为细小的粉末或利用粉末制成的液态浆料。图4-4所示为可用于3D打印的 Al_2O_3 陶瓷粉末和 SiO_2 陶瓷浆料。

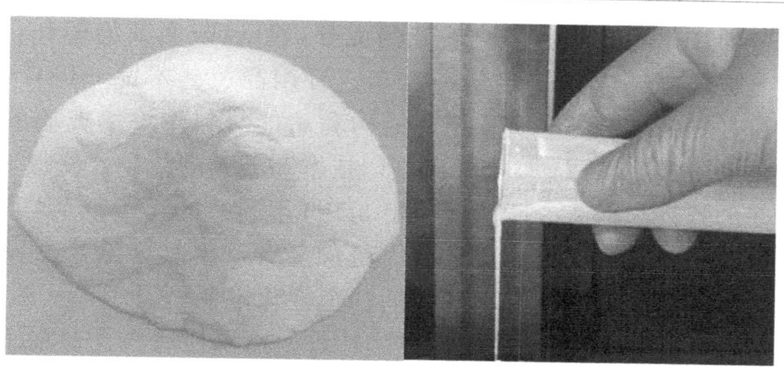

图 4-4 Al_2O_3 陶瓷粉末和 SiO_2 陶瓷浆料

4.2.2 3D打印无机非金属材料的种类

理论上，所有的无机非金属材料均可以作为3D打印技术的原料来加工制造各种产品。无机非金属材料的种类非常多，其中，已经用于3D打印的材料主要有以下几种。

（1）混凝土

以水泥、砂、石等按一定配比构成的混凝土是传统的建筑材料。传统的混凝土构件一般通过直接成型或利用模具成型，通常结构和形状比较简单。但将3D打印技术应用于混凝土，可以方便地制造各种复杂形状的构件，使得混凝土制品变成艺术品。如图4-5所示为采用3D打印技术制造的异形混凝土长凳。3D打印与传统混凝土的结合，赋予了混凝土制品新的生命力。

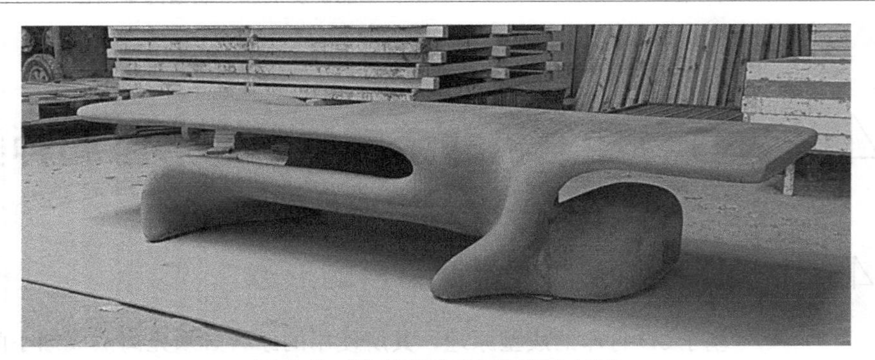

图4-5 3D打印的异形混凝土长凳

（2）玻璃

玻璃是一类非晶态的无机非金属材料，其成分主要是二氧化硅和其他的氧化物。通过调整玻璃的成分，可以改变其物理和化学性质。传统上玻璃广泛应用于建筑、汽车、日用品、艺术品、医疗、化学、电子、仪表等领域，是一类重要的结构和功能材料。虽然玻璃的传统加工制造技术已经非常成熟，但3D打印技术和玻璃的结合，使得玻璃制品具有了新的特性。图4-6所示为采用3D打印制造的异形玻璃灯罩。借助3D打印技术，玻璃制品的形状可以更加复杂和多样，给予了设计师更大的设计自由度，可以实现玻璃制品的个性化定制。同时，从图中还可以看出，3D打印工艺所带来的层状结构特点，可以使其在光照射下产生梦幻般的光影效果。预计，玻璃的3D打印技术将成为灯具设计师、艺术品制作者等的强有力的技术工具。

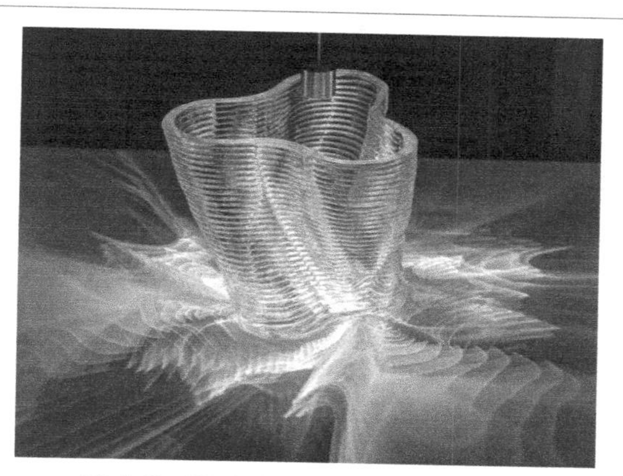

图 4-6 3D 打印制造的异形玻璃灯罩

(3) 陶土

陶土的矿物成分复杂，主要由水云母、高岭石、蒙脱石、石英及长石等组成。陶土在加水后具有可塑性，干燥和烧结性能较好，可用于制造陶器。我国有悠久的制陶历史。近年来，3D 打印也开始应用于陶土制品的制造。图 4-7 所示为经过上釉烧制后的 3D 打印陶土制品（见彩图）。可见，3D 打印使得陶土制品的形状更加丰富多样，使得传统的陶土制品焕发出新的活力。

图 4-7 3D 打印的陶土制品（经上釉烧结）

(4) 氧化物结构陶瓷

氧化物结构陶瓷是无机非金属材料中的一个重要分类。氧化铝、氧化锆等是常用的氧化物陶瓷材料。氧化物陶瓷的熔点高、硬度高、脆性大，很难加工。采用常见的压制烧结的制备技术路线难以制备复杂结构形状的氧化物陶瓷产品。目前，已经证实，将氧化铝、氧化锆粉末添加到光敏树脂中，采用光固化3D打印技术将其设计模型打印成型，再通过烧结去除树脂并使陶瓷粉末致密结合在一起，可以制备形状复杂、结构精细的氧化铝、氧化锆制品，如图4-8所示。可以预计，3D打印技术将成为氧化物陶瓷材料精密成型的有效技术手段。

图4-8 3D打印的氧化物陶瓷精细结构样品

(5) 功能陶瓷

功能陶瓷通常具有一种或多种功能，如电、磁、光、热等功能特性。有些功能陶瓷还具有压电、压磁、热电、电光、声光、磁光等耦合功能。例如，钙钛矿陶瓷材料就具有丰富的压电等耦合功能，在电容器、换能器等产品上具有重要应用。采用3D打印技术，可以打印制造基于功能陶瓷的各种元器件。图4-9所示为采用光固化3D打印技术制造的$BaTiO_3$陶瓷阵列及制成的换能器原型器件。$BaTiO_3$是一种典型的钙钛矿陶瓷材料。将其配制成含量为80%的$BaTiO_3$光敏树脂复合浆料，即可打印制造$BaTiO_3$陶瓷阵列。可将陶瓷阵列进一步制成换能器原型器件，经过测试，该器件的性能优于传统的阵列，这可归因于3D打印的复杂结构阵列增强了其物理性能。这一研究结果表明3D打印技术在功能陶瓷元器件的制造领域具有良好的应用前景。

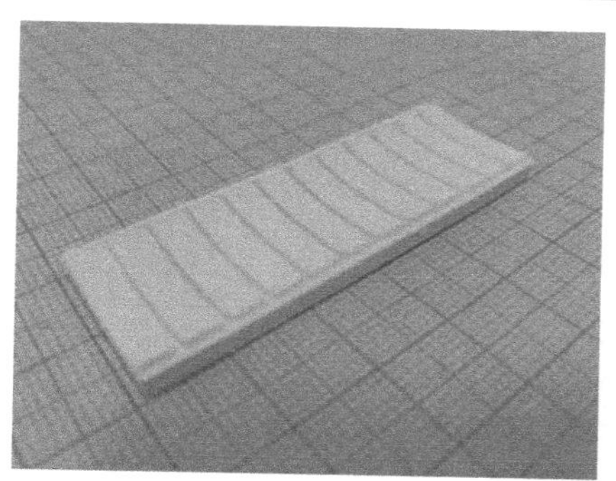

图 4-9 3D 打印的 $BaTiO_3$ 陶瓷阵列及制成的换能器原型器件

4.3 无机非金属材料的 3D 打印技术

根据无机非金属材料的物理和化学性质，与其相匹配的 3D 打印技术也有不同的类型。下面，根据无机非金属材料的分类，分别介绍与之相应的主要 3D 打印技术。

4.3.1 混凝土（水泥）材料的 3D 打印技术

混凝土 3D 打印机和普通的 FDM 3D 打印机很相似，一方面，在结构上均以直角坐标系为基础，通过打印头沿 X、Y 和 Z 轴的移动来实现空间定位；另一方面均以挤出方式将打印材料输送至设定空间位置。二者的区别在于，FDM 3D 打印机以塑料细丝为原料，而混凝土 3D 打印机以混凝土浆料为原料。图 4-10 所示为混凝土 3D 打印机的打印挤出头及打印成型的混凝土条层。混凝土 3D 打印机结构简单，打印空间尺寸可以达到几层楼的高度，用于打印建造形态各异的房屋建筑。图 4-11 所示为用于房屋打印的混凝土 3D 打印机及其打印的房屋。和一般的 3D 打印机不同，大型的混凝土 3D 打印机在打印房屋建筑时，需要将打印机在现场装配起来。首先，建筑工人需要平整好地面，并做好地基；然后安装专门为打印机设计的导轨。接下来，把打印机安装在导轨上，并安装好立柱和三个轴。喷嘴和机械臂安装在水平金属梁上，横梁横跨在混凝土 3D 打印机两端的立柱上。开始打印后，其过程和通常的 3D 打印过程（特别是 FDM 3D 打印）是一致的，即通过打印头将混凝土浆料挤出，条状的混凝土逐层沉积凝固并最终形成完整的建筑物。用于打印的混凝土材料是添加特殊化学物质改性处理过的，以使其具有良好的流动性，确保打印头不会堵塞，并且能够快速硬化，以实现层与层之间的牢固结合。

图 4-10 混凝土 3D 打印机的打印挤出头及打印成型的混凝土条层

图 4-11 混凝土 3D 打印机及其打印的房屋

4.3.2 玻璃材料的 3D 打印技术

玻璃是人类开发使用的最古老的材料之一。玻璃具有无与伦比的光学透明性、优异的力学性能、化学性能、耐热性以及电绝缘性，是人类社会中最重要的高性能材料之一。然而，玻璃的熔点高，难以加工成型。因此，将 3D 打印技术应用于玻璃材料，是非常有吸引力的。

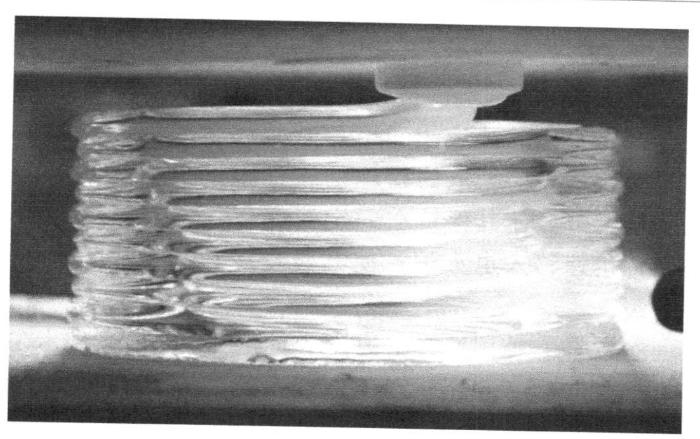

图 4-12　熔融玻璃挤出成型 3D 打印机

2015 年，美国麻省理工学院的研究者发明了一种可用于制造透明玻璃制品的熔融玻璃挤出成型 3D 打印机，如图 4-12 所示，其核心是用耐火材料熔铸锆刚玉（AZS）喷嘴取代了普通的铝合金挤压喷嘴，以使喷嘴能够承受熔融玻璃的高温并将其挤出成型。实际上，我们可以把这台玻璃 3D 打印机看成是一台可以打印高温材料（1000℃以上）的 FDM 3D 打印机。但是高温和玻璃的特殊物性也使得打印过程的控制难度大大增加。例如，普通的 FDM 3D 打印机在打印塑料时，可以通过向前推动或反向回拉塑料丝的方式来控制材料的挤出过程，并使其可在需要的时候停止。然而，这台玻璃 3D 打印机没有使用玻璃丝作为原料，而是将玻璃原料在料仓内加热至熔融状态，再用压力通过喷嘴挤出。因此，无法像

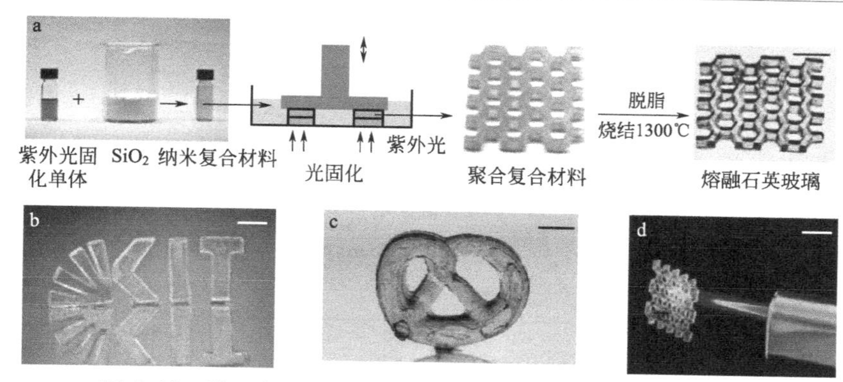

图 4-13　基于光固化成型的玻璃材料 3D 打印原理与打印效果

FDM打印机那样通过电机来控制材料的挤出。对此，研究者发明了一种独特的方法来阻止熔融玻璃的挤出：用压缩空气吹喷嘴，使其迅速冷却下来，从而阻止玻璃的挤出。再如，玻璃在成型后不能冷却得太快，否则会产生很大的热应力，引起开裂甚至破碎。为了防止玻璃在打印时冷却过快，目前采取的措施是在打印过程中使用丙烷火炬来持续加热已成型部分，使其保持在一定温度以上。在整个打印过程结束后，将打印件迅速移入退火炉，使其缓慢冷却并适当地回火，从而避免打印件开裂。

2017年，德国微观结构技术研究所（IMT）和卡尔斯鲁厄理工学院（KIT）的研究人员报道了他们开发的基于光固化成型的玻璃材料3D打印技术（如图4-13所示），其核心是开发了一种可光固化的二氧化硅纳米复合材料，该材料的制备过程为：将平均粒径为40nm的无定形二氧化硅纳米粒子分散在由甲基丙烯酸羟乙酯（hydroxyethylmethacrylate，HEMA）单体组成的基体中，该基体通过形成溶剂化层，可以分散大量二氧化硅纳米粒子，有利于提高成型件的致密度。然后，将所制备的二氧化硅纳米复合材料通过光固化法打印成坯体。坯体可以通过加热发生进一步的聚合反应，再通过高温烧结获得无孔隙和裂缝的石英玻璃制品。从图4-13可以看出，该技术打印的石英玻璃制品透光率高，表面光洁，其表面粗糙度可达几个纳米级别。如图4-14所示，通过在该材料中掺杂特定的金属盐，还可以制造出具有不同颜色的有色玻璃。该研究为玻璃材料的3D打印提供了新的技术选择，使得在石英玻璃中创建任意宏观和微观结构成为现实。

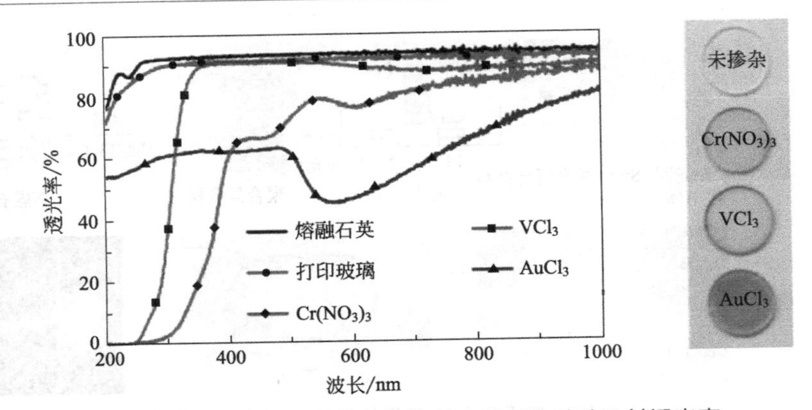

图4-14 基于光固化3D打印的不同颜色玻璃及其透光率

4.3.3 陶土材料的 3D 打印技术

陶土材料在加水后具有可塑性，可以和混凝土材料一样利用 FDM 3D 打印机来打印成型。目前，市场上推出的陶土 3D 打印机基本上都是通过对 FDM 3D 打印机进行改造来实现的（如图 4-15 所示），其核心是配备 1 套适合陶土浆料的打印挤出装置。为了便于陶土浆料的顺利挤出，一般还需要配置 1 台空气压缩机，利用一定压力的压缩空气将料筒内的陶瓷浆料连续挤出。陶土材料在打印时的难点在于浆料的配制，既要有一定的流动性，又要能快速硬化，以避免打印结构的坍塌。此外，在浆料配制时要使陶土颗粒能长期稳定悬浮，以便浆料能长期保存以及打印时浆料挤出平稳。在打印之前，还要将料筒内浆料中的气泡尽量排出，气泡的存在会导致挤出的陶瓷条产生孔洞甚至断开，从而引起打印过程的中断及打印件质量的降低。另外，由于压缩气体的压力会在某个压力范围内波动，对打印的平稳性有一定影响。目前，已有研究者对陶土 3D 打印机进行了改进，在料筒内增加了 1 套单螺杆挤出装置，利用螺杆的旋转将浆料连续挤出。与利用压缩空气挤压陶土浆料相比，该装置的连续性和平稳性更优，所打印的陶土物品的质量也更好。陶土材料价格低廉，打印速度远远快于塑料丝 FDM 打印，因此，陶土材料 3D 打印技术在教育领域的应用更有优势。

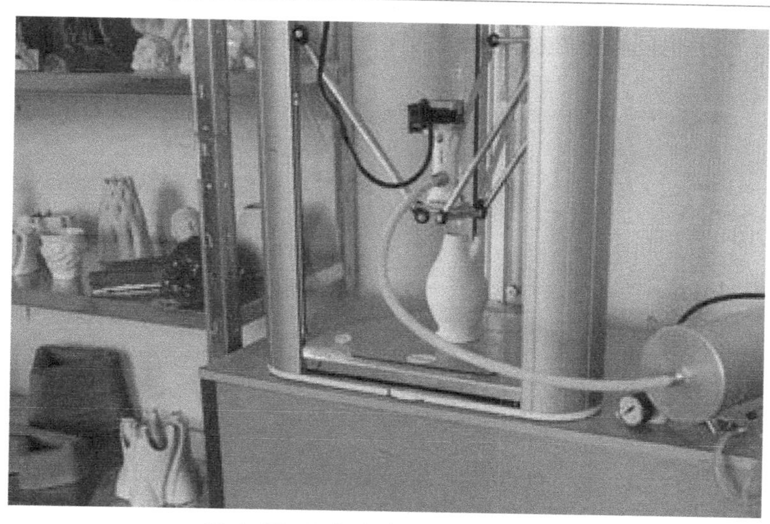

图 4-15　可打印陶土的 3D 打印机

4.3.4 结构陶瓷的 3D 打印技术

结构陶瓷是指主要利用其力学性能，作为结构部件使用的陶瓷材料，可分为氧化物陶瓷和非氧化物陶瓷两大类。由于结构陶瓷材料熔点高、硬度高、脆性大，一般很难通过机加工、铸造或注射成型这三种最常见的传统加工工艺来制造陶瓷零部件。目前，传统结构陶瓷的制造工艺为：陶瓷粉体制备→坯料制备→成型→干燥→脱脂→烧结→后处理→成品。

其中，成型技术主要有：干压成型、等静压成型、热压铸成型、塑性成型和流延法成型。

烧结技术主要有：热压烧结、热等静压烧结、放电等离子体烧结、微波烧结、反应烧结和爆炸烧结。

需要指出的是，由于干燥的陶瓷颗粒在常温下不容易粘在一起，所以大多数结构陶瓷零件的成型工艺，都要使用聚合物黏合剂来作为陶瓷粉末形状的稳定剂。这些聚合物黏合剂需要在后续的工艺中去除（即脱脂工艺）。由于聚合物的引入，使得最终烧结得到的陶瓷结构件不是完全致密的。同时，和坯体相比，烧结后的构件有较大的体积收缩。目前所有的商用结构陶瓷 3D 打印工艺，其技术路线也均为先制造“坯体”，再烧结成最终的结构件。3D 打印技术的引入，主要是解决具有设计形状的“坯体”的制造。大多数陶瓷材料的 3D 打印工艺都需要引入聚合物黏合剂，因此，脱脂步骤和烧结步骤也都不可缺少。3D 打印的陶瓷坯体在烧结后也同样存在体积收缩的问题，如图 4-16 所示。

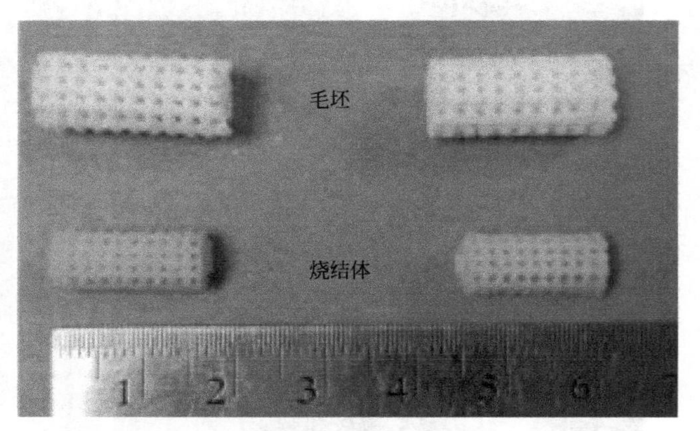

图 4-16 3D 打印的陶瓷坯体在烧结前后的体积对比

由此可见，传统陶瓷零件的制造流程是先由陶瓷粉末材料制成具有一定形状的坯体，再经过脱脂和高温烧结，最后形成致密的陶瓷结构件。该工艺过程与金属零部件的粉末冶金制造流程基本一致。但由于陶瓷材料的特性，其制造难度更大，良品率更低。可以看出，传统结构陶瓷的制造流程复杂，且难以制造复杂形状和结构的零部件。因此，结构陶瓷的 3D 打印技术的突破对整个陶瓷行业是非常有吸引力的。下面，对已有的结构陶瓷的 3D 打印技术做简要说明。

（1）基于光固化成型的陶瓷 3D 打印技术

基于光固化成型的陶瓷 3D 打印技术，其基本出发点是将细小的陶瓷粉末添加到光敏树脂中，通过紫外光固化成型，制成陶瓷坯体，在经过脱脂和高温烧结，获得致密度较高的陶瓷构件。经过多种材料及大量实验，证实该技术路线是结构陶瓷 3D 打印的可行方案。该技术的难点在于以下两点：一是复合树脂的制备，要求陶瓷粉末的填充率要尽量高，分布均匀，透光性良好；二是脱脂和烧结工艺的制定，要保证脱脂完全，烧结后结构致密、收缩率低且稳定。目前，氧化铝、氧化锆结构陶瓷的光固化 3D 打印相对比较成熟。基于光固化成型的结构陶瓷 3D 打印技术保持了光固化打印件精度高的优点。图 4-17 所示为采用该技术打印的陶瓷样件，可以看出，样件表面质量高、形状和精细结构都达到设计要求。

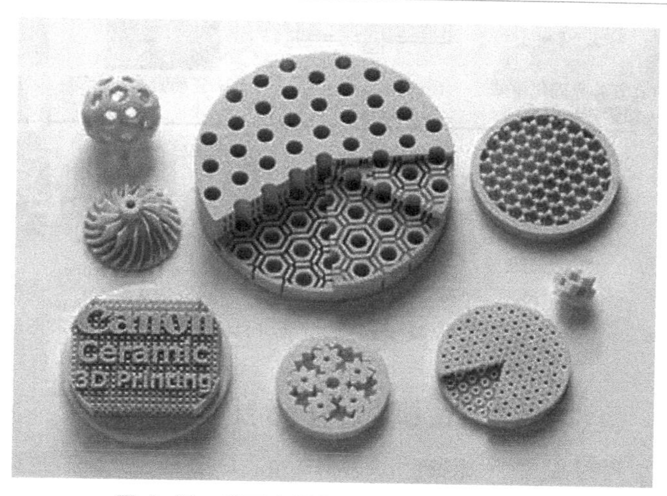

图 4-17　基于光固化 3D 打印的陶瓷样件

SiC 是一种典型的非氧化物陶瓷，具有重量轻、室温和高温力学性能优异、耐磨损、摩擦系数低等特性。SiC 是陶瓷材料中高温强度最高的材料，其抗氧化性也是所有非氧化物陶瓷中最优的。传统上，SiC结构陶瓷一般采用热压烧结、无压烧结、热等静压烧结等方法制造，难以满足形状和结构复杂构件的制造需求。起初，在将光固化成型应用于SiC陶瓷时遇到了很大的困难。主要问题在于应用于光固化成型的材料对紫外光的吸收率必须要低。例如，氧化铝、氧化锆、二氧化硅和羟基磷灰石等氧化物陶瓷对紫外光的吸收率低，因而可以采用光固化成型3D打印技术。但是，SiC陶瓷具有非常高的紫外光吸收率（在355nm处吸收率约为80%），这使得利用光固化3D打印技术来制造SiC陶瓷构件难以实现。最近，有研究者发展了一种改进的光固化成型技术实现了SiC陶瓷的3D打印成型。该方法利用了一种SiC有机陶瓷前驱体，并对其进行改性处理，通过引入巯基、乙烯基、丙烯酸酯、甲基丙烯酸酯等，使其成为可光固化的液态光敏树脂单体。通过对这种树脂单体进行光固化成型，可打印出各种形状的产品坯体，最后经过高温烧结即可得到所需的SiC陶瓷构件。该技术的原理示意和打印的SiC复杂形状样件如图4-18所示。可以预见，3D打印技术与SiC陶瓷的结合，有利于进一步扩展SiC陶瓷在各领域的应用。

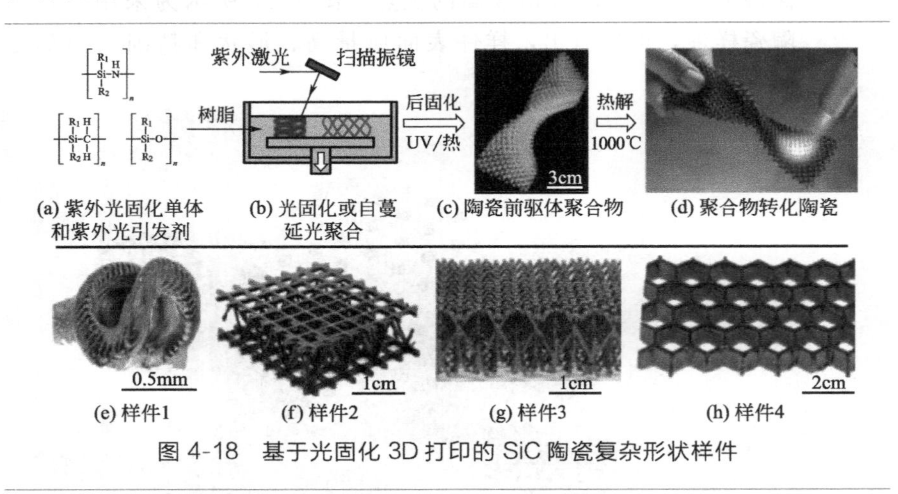

图4-18 基于光固化3D打印的SiC陶瓷复杂形状样件

（2）基于挤压成型的陶瓷3D打印技术

直写成型（direct ink writing，DIW）是一种基于挤压成型的陶瓷3D打印技术。图4-19为直写成型（DIW）3D打印技术原理示意。可以看出，其原理与混凝土材料和陶土材料的挤压成型3D打印相似。区别在于其喷嘴直径更细，对浆料流动性的要求更高。DIW技术的核心在于浆料的配制，一般要将细小的陶瓷粉末表面修饰上合适的分散剂，以使其能在所选基液中长期稳定分散悬浮。浆料的使用性能可以通过调节浓度、pH 值或是添加增塑剂等手段来优化。采用该技术已实现了氧化铝、氧化锆、氮化硅等多种常用结构陶瓷的直写成型 3D 打印。图 4-20 所示为采用直写成型 3D 打印的 ZrO_2 陶瓷成型坯体。坯体经高温烧结后可形成致密度较高、具备较好力学性能的陶瓷构件。浆料直写成型 3D 打印技术具有设备结构简单、成本低、成型速度快等优点，是陶瓷材料 3D 打印技术的重要组成。

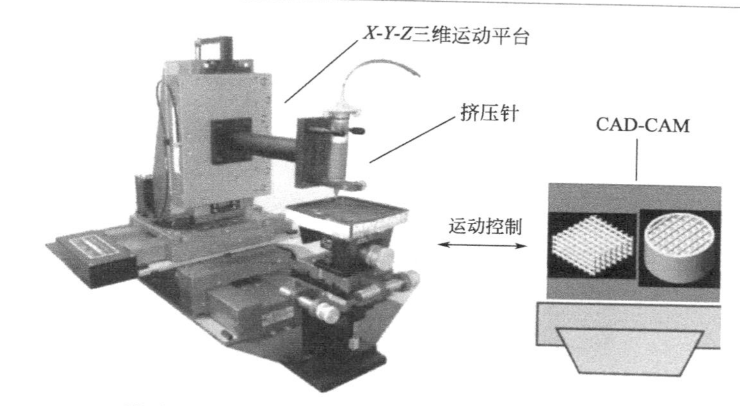

图 4-19　直写成型（DIW）3D 打印技术原理示意

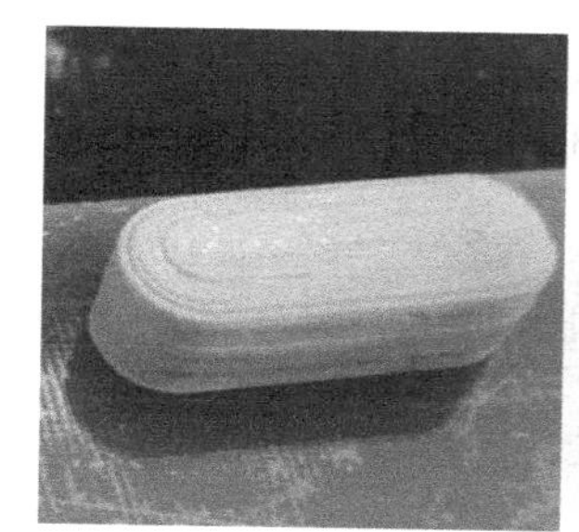

图 4-20　直写成型 3D 打印的 ZrO_2 陶瓷成型坯体

（3）基于黏合剂喷射成型的结构陶瓷 3D 打印技术

黏合剂喷射（binder jetting）成型是一类材料适用性非常广泛的 3D 打印技术。石膏、沙子、金属或颗粒状聚合物都可以采用该技术来打印，当然也包括陶瓷材料。图 4-21 所示为黏合剂喷射成型 3D 打印技术的原理示意。在打印时，打印头经过预先铺好的粉末层表面，并按设定的路径沉积黏合剂液滴（直径约 50μm），将粉末颗粒结合在一起，直至完成一层的打印。接着，粉料层下降一层高度，通过铺粉装置将新的粉末层平铺在先前打印的层上，并开始新的一层的打印。这样一层一层地打印，直到形成完整的零件坯体。坯体再经过脱脂和烧结形成最终可以使用的零件。黏合剂喷射工艺核心是将黏合剂逐层沉积在粉末床上，从而形成零件坯体，可以看成是选择性激光烧结和材料喷射成型技术的结合，只不过是用黏合剂取代激光将粉末结合在一起。黏合剂喷射3D打印的物体的精度和光洁度取决于多种因素。例如，粉末层厚在决定表面光洁度上有重要作用。液滴尺寸和粉末尺寸对于精度和复杂形状的建立也很重要。图4-22所示为采用黏合剂喷射成型3D打印的精细结构陶瓷样件。需要指出的是，黏合剂喷射成型可以实现全彩色的石膏材料打印成型，是应用于全彩三维人像打印的主流技术。

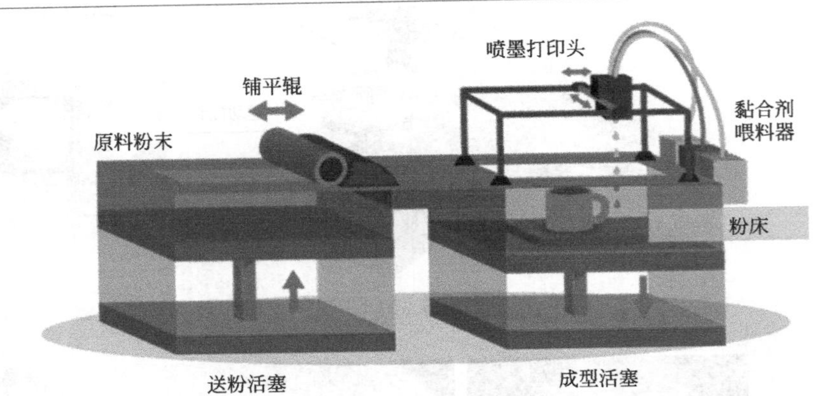

图4-21 黏合剂喷射成型3D打印技术原理示意

图4-22 黏合剂喷射成型3D打印的精细结构陶瓷样件

(4) 基于激光选区烧结（SLS）的结构陶瓷3D打印技术

激光选区烧结（SLS）的技术原理在本书第1章中已做介绍。SLS的材料适应性很好，高分子材料、金属和陶瓷都可以在SLS设备上打印成型。如前所述，SLS的激光能量较低，在打印高分子材料时，可以直接成型；而在打印金属和陶瓷时，必须添加黏结相材料，打印成坯体，再通过后续的脱脂和高温烧结来制备最终的三维实体。显然，陶瓷材料的SLS 3D打印是一种间接的制造过程，其核心在于打印用的陶瓷原材料的制造。可用于SLS 3D打印的陶瓷材料从形态上可以为粉末状或浆料状。

陶瓷零件的选择性激光烧结可分为直接烧结和间接烧结。在直接烧结中，激光束作为热源对沉积的陶瓷粉末层进行局部加热和烧结。间接SLS首先采用激光熔化聚合物陶瓷复合粉末中的有机黏合剂相，以形成零件毛坯；并通过随后的脱脂和高温烧结步骤，获得最终的陶瓷零件。间接烧结又可分为粉末型和浆液型。在粉末状情况下，需要粉末具有良好的流动性，以便实现粉末的顺利平铺。有研究者开发了一种温度诱导相分离的方法来制备具有陶瓷颗粒嵌在聚合物基体结构的复合粉末。图4-23显示了所制备的聚合物-陶瓷复合粉末的形貌及采用SLS技术打印的陶瓷坯体，经过后续处理后，可获得致密度较高的陶瓷构件，从图中可以看出，所打印的陶瓷构件的精度和质量都较高。但由于坯体中含有大量的聚合物黏结剂，因此，在脱脂烧结后，打印件的体积收缩率较大，一般在40%左右。

(a) 微观形貌

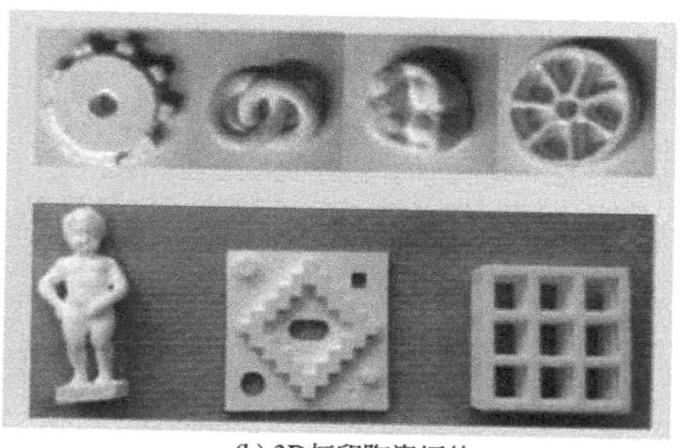
(b) 3D打印陶瓷坯体

图4-23 聚合物-陶瓷复合粉末形貌及其SLS 3D打印陶瓷坯体

4.3.5 功能陶瓷的3D打印技术

功能陶瓷主要是指利用其电学、磁学、光学、热学、化学、生物等功能特性的陶瓷。因为不做承力结构件使用，因此对其力学性能的要求相对较低。但功能陶瓷在使用时的形态比较多样化，包括粉体、薄膜、厚膜以及不同形状和尺寸的三维实体等。理论上，可用于结构陶瓷的3D

打印技术均可应用于功能陶瓷。但由于功能陶瓷形态和服役环境的特殊性和多样性，其所使用的3D打印技术和工艺往往也要有针对性地调整和改进。前面已经介绍了3D打印的$BaTiO_3$压电陶瓷阵列及换能器原型器件。下面再以垂直3D打印二维氮化硼陶瓷柱状阵列为例，对功能陶瓷的3D打印技术做简要说明。

二维纳米材料（如氮化硼、二硫化钼等）是功能陶瓷的重要组成部分，在能源、环境和电子行业中具有巨大的应用潜力。将这些二维纳米材料组装成柱状阵列结构，具有重要的现实意义，如低弯曲度的纳米柱有利于离子的快速传输，从而实现快速充放电；再如，柱状阵列的单向热流，有利于实现电子产品的高效热管理。然而，将二维纳米组装成柱状阵列在制造技术上具有极大的挑战性。

2019年，美国马里兰大学的胡良兵教授报道了一种通用的基于浆料直写成型的垂直3D打印方法，为二维纳米材料柱状阵列的高精度快速制造开拓了一条新路。图4-24所示为二维氮化硼纳米片柱状阵列结构的垂直3D打印原理与打印样件。该技术的关键是氮化硼浆料的改性处理。由于受墨水黏弹性的限制，一般的二维材料浆料无法直接在垂直方向上打印，而经过优化改性后的氮化硼浆料表现出显著的剪切变稀行为和超高

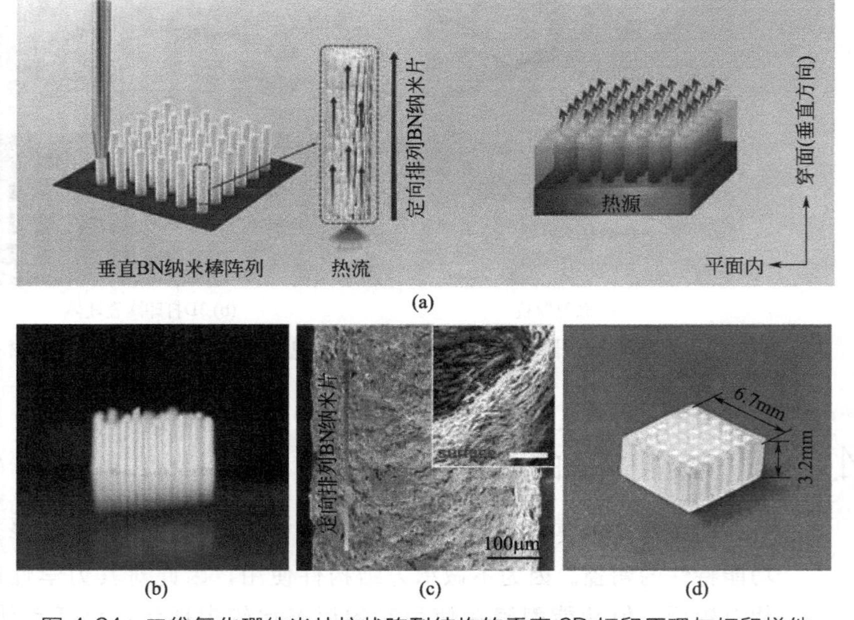

图4-24 二维氮化硼纳米片柱状阵列结构的垂直3D打印原理与打印样件

的储存模量，可在室温、空气环境中直接实现垂直打印，并进一步构建多尺度的垂直取向结构。采用该技术垂直打印制造的二维氮化硼纳米片柱状阵列结构成型效果很好，如图 4.24(d) 所示。经测试，该打印件沿阵列方向的热导率高达 $5.65W \cdot m^{-1} \cdot K^{-1}$，显著高于传统的 BN 基结构。由于该技术的通用性，可将其扩展应用到其他二维材料，所构建的二维材料分级阵列结构有望在电池、薄膜等领域实现创新应用。

4.4 无机非金属材料 3D 打印技术的应用

无机非金属材料的应用范围非常广泛，从我们日常生活中使用的各种家用瓷器，到建筑物用的混凝土、玻璃等，再到工业上使用的陶瓷轴承，以及电子产品里用到的各种电子陶瓷等。由于陶瓷本身的特性，导致其难以加工成型。因此，3D 打印技术进入无机非金属材料的成型制造领域，对其创新、发展和应用都具有非常重要的推动作用。目前，已有不少 3D 打印的无机非金属部件开始替代传统技术制造的部件，并在日用品、艺术品、建筑、航空航天、医疗、汽车、能源等众多领域具有广阔的应用前景。

目前，无机非金属材料 3D 打印技术在技术层面已经比较成熟，材料、设备和打印工艺等均已优化，并有商业化产品供应市场。开始进入市场推广期的无机非金属材料 3D 打印技术和产品主要有以下几种：

① 混凝土挤出成型 3D 打印技术　主要用于打印房屋建筑、混凝土塑像等艺术品。

② 石膏黏合剂喷射成型 3D 打印技术　主要用于打印三维人像、三维场景复现、工艺品等。

③ 陶瓷光固化成型 3D 打印技术　主要用于打印小型陶瓷零部件、工艺品、熔模精密铸造用陶瓷型芯。

④ 陶土浆料直写成型 3D 打印技术　主要用于打印各种异形陶土器具、工艺品、人像等。

此外，还有不少基于 3D 打印技术的陶瓷产品表现出了优异的性能，开始获得业界的关注和认可，有望发展成为新一代高性能新结构陶瓷产品。下面列举说明几个能源、航天、医疗等领域利用了 3D 打印技术的优势，设计和制造的新型陶瓷材料产品，期望能对大家有所借鉴和启迪。

4.4.1 3D打印辅助制造多孔介质燃烧器

多孔介质燃烧器同时具有对流、导热和辐射三种换热方式，使其燃烧区域温度均匀，并保持平稳的温度梯度，燃烧稳定并有较高的容积热强度。多孔介质燃烧器的热效率高、结构紧凑、污染物排放低。

多孔介质燃烧器热区（燃烧区）的核心部件是一个整体的多孔陶瓷结构体，如图 4-25 所示。用于燃烧器的多孔陶瓷从结构上主要有蜂窝陶瓷和泡沫陶瓷两种。理论上，通过对多孔结构进行拓扑优化设计，可以有效改善燃烧器的辐射性能，从而提高辐射功率。然而，这类多孔陶瓷结构体很难加工，特别是设计成随机分布的泡沫结构或拓扑结构的多孔陶瓷，更是难以实现。2020 年 4 月，瑞士和意大利的研究人员报道了他们在欧盟 ECCO 项目支持下开展的 3D 打印辅助设计和制造多孔介质燃烧器的研究进展。首先，他们发展了一种拓扑结构优化方法来设计更优的泡沫陶瓷多孔结构；其次，在制造过程中，先用聚合物将整个结构体打印成型，再将其浸入陶瓷浆体中使其表面沾上足够厚度的浆料；接着通过热处理将聚合物去除并将陶瓷浆料烧结成型，最终制成可用于燃烧器的多孔陶瓷结构体。整个过程类似于制备铸造中用的陶瓷型壳，而 3D 打印的作用在于制造具有设计形状的蜡模。经过实际测试，这种 3D 打印辅助制造的多孔陶瓷结构体可有效提高燃烧器的辐射功率，并增强其热效率。

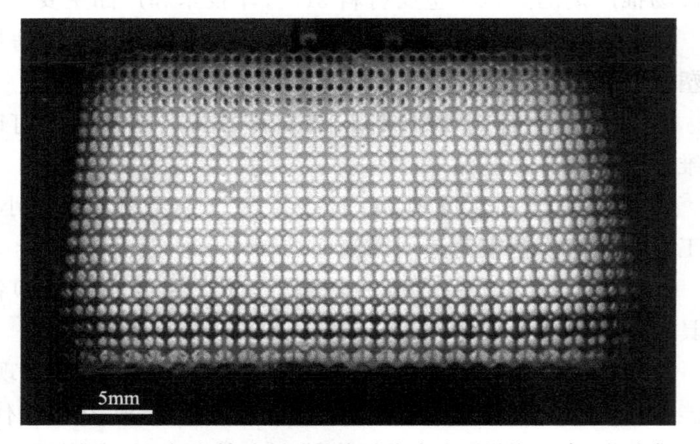

图 4-25 3D 打印辅助制造的多孔陶瓷介质燃烧器（工作中）

4.4.2 3D 打印卫星陶瓷支架

航天领域使用的零部件在太空中会经历极端的温度变化（从零下几十摄氏度到零上几百摄氏度），因此，所选用的材料在这些温度变化中不会发生严重的收缩和膨胀是很重要的。此外，将任何东西送入太空的成本与质量（重量）直接相关，所以轻重量始终是需要优先考虑的因素。陶瓷的稳定性和低密度使其成为应用于航天领域（火箭、卫星等）的理想材料，如各种轴承、连接件、支承件、密封件和隔热罩等。由于具备高强度和高模量，陶瓷零部件可以进行轻量化结构设计，但大幅度增加了零部件的结构复杂性，使其难以通过传统的陶瓷零件制造工艺来制造。陶瓷材料 3D 打印技术正好能够解决上述问题，使其在航天领域能充分发挥其工艺优势。

图 4-26 所示为 3D 打印的陶瓷卫星支架，该支架还采用了镂空结构的轻量化设计，进一步减轻了产品的重量。这种具有轻量化结构的陶瓷制品只能通过 3D 打印的方法来制造。卫星反射镜的支承要求在尺寸上具有很高的稳定性。陶瓷材料具有较低的热膨胀系数和较高的强度和刚度，因此，3D 打印的高性能轻量化陶瓷支架是卫星零部件的最佳选择。

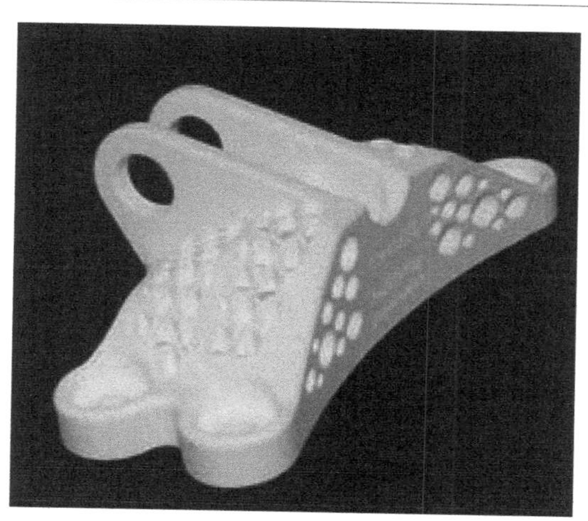

图 4-26　3D 打印的陶瓷卫星支架

4.4.3 3D 打印医用生物陶瓷制品

陶瓷具有轻质、耐腐蚀、生物相容性好等优点，是医疗行业的理想材料，可用于人体植入物、外科工具以及医疗诊断设备等。在生物陶瓷材料中，羟基磷灰石的成分与人体骨骼成分相近，是一种生物活性物质，是用于人体骨骼植入物的最佳材料之一。多孔羟基磷灰石植入物不仅能促进骨骼生长，还能使骨骼和组织进入孔内，与植入材料形成更紧密的结合。借助于陶瓷3D技术的优势，可以设计并控制羟基磷灰石植入物中孔的位置和几何形状，并顺利成型制造。将其植入人体后可促进骨骼的生长、整合和植入物的机械强度。图4-27所示为3D打印的多孔羟基磷灰石样件。

图4-27 3D打印的多孔羟基磷灰石样件

第5章

3D打印复合材料

当前，国内外航空航天、国防军工、汽车电子、生物医疗及文体娱乐等领域的蓬勃发展对所使用的材料性能提出了越来越高的要求。传统的金属、陶瓷和高分子材料的性能已难以满足发展需求，急需开发综合性能优异的新材料。在生活中，人们发现贝壳、木材等天然材料具有优异的力学性能，经过研究发现这与它们所具有特殊复合结构有关。借鉴天然材料的复合结构，人们开始开发各种复合材料。按照基体材料的类型，复合材料可以分为高分子基复合材料、金属基复合材料、陶瓷基复合材料三大类。复合材料的种类繁多，形态各异，其加工制造技术也多种多样，并没有一种统一的制造方法。而将3D打印技术应用于复合材料的制造，也成为近年来的研发热点之一。

5.1 复合材料的定义和主要类型

复合材料，一般是由两种或两种以上物理或化学性质显著不同的材料，通过特定的制备技术而形成的具有新结构、新性能的新材料。在复合材料的结构中，其组成材料在宏观或微观尺度上保持分离状态，有明显的界面和区别。图5-1所示为一种碳纤维增强高分子基复合材料的微观结构形貌，可以看出，碳纤维紧密嵌在高分子基体材料中，纤维和基体各自保持自己的结构和形态，二者之间存在明显的界面。在作用上，碳纤维作为增强体，可以显著提高高分子基体的强度。

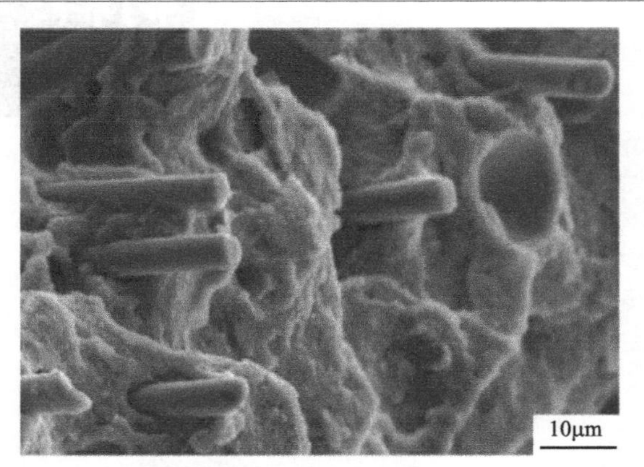

图5-1 碳纤维增强高分子基复合材料的微观结构形貌

（1）高分子基复合材料

高分子基复合材料。结构上包括增强体和基体材料两个部分。其中，常用的增强体有玻璃纤维、碳纤维、硼纤维、陶瓷晶须、纳米粉体等高强度、高模量的粉末、晶须和纤维等。基体材料包括各种常见的热塑性和热固性树脂、橡胶等材料。图 5-2 所示为以碳纳米管为增强体，设计制备的碳纳米管增强高分子基复合材料的结构示意。这类材料制备上的难点在于如何将碳纳米管均匀地分散在高分子基体中。

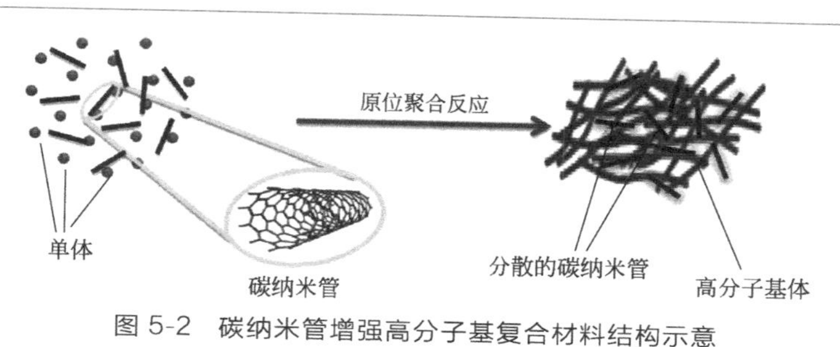

图 5-2 碳纳米管增强高分子基复合材料结构示意

(2) 金属基复合材料

金属基复合材料是以金属或合金为基体，以一种或几种金属或非金属为增强体而形成的复合材料。一般按增强体的类型，可进一步分为纤维增强（包括连续长纤维和短纤维）、晶须增强、颗粒增强（包括纳米粒子）等。也常按基体材料的种类分为铝基、镁基、铜基、钛基、高温合金基、金属间化合物基以及难熔金属基复合材料等。由于金属元素的性质差别很大，因此，金属基复合材料的制造技术类型也非常丰富。图 5-3 所示为以 SiC 颗粒为增强体，以 Ti64 合金为基体的金属基复合材料的微观组织形貌。

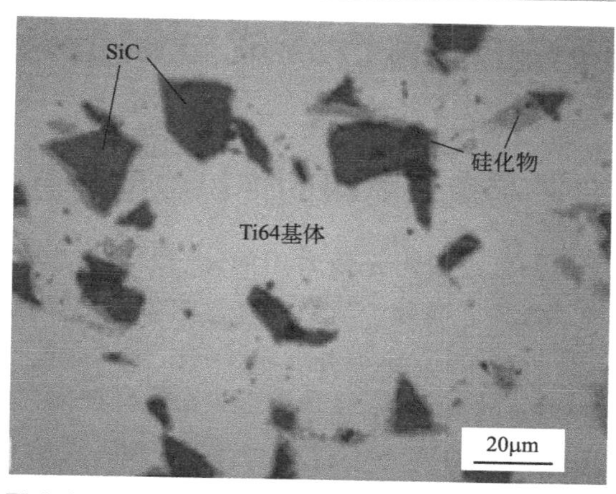

图 5-3 SiC 颗粒增强钛合金复合材料微观组织形貌

(3) 陶瓷基复合材料

陶瓷基复合材料是以陶瓷为基体，以各种纤维为增强体而形成的复合材料。常见的陶瓷基体包括氧化铝、氧化锆等氧化物陶瓷、氮化硅、碳化硅、碳化锆等非氧化物陶瓷。增强体材料需要和基体在热膨胀性等物理性能上相匹配。陶瓷材料的优势在于强度和刚度高、模量高、耐高温、相对重量较轻、耐磨损耐腐蚀等，缺点是脆性大。复合的目的是希望通过纤维的作用阻止裂纹的形成和扩展，提高材料的韧性。图 5-4 所示为以 ZrB_2 短纤维为增强体，以 ZrC 陶瓷为基体，设计制备的复合材料的微观组织形貌。

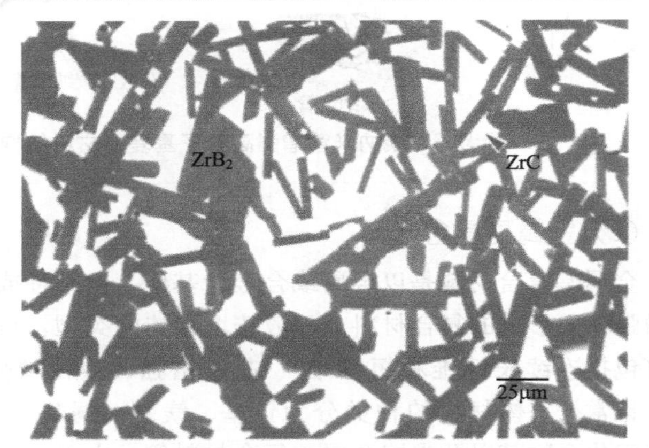

图 5-4 ZrB_2 短纤维增强 ZrC 陶瓷复合材料微观组织形貌

5.2 复合材料的传统成型制造技术

5.2.1 高分子基复合材料的传统成型制造技术

高分子基复合材料是最常用的复合材料，其传统成型制造技术相对成熟，种类多样。高分子基复合材料的传统成型制造技术基本可分为三种类型：开模成型（open molding）、闭模成型（close molding）和铸造成型（cast molding）。在每种类型中还有多种细分的技术方法。

(1) 开模成型

图 5-5 所示为高分子基复合材料的开模成型原理示意。手糊工艺是最常见和最经济的开模成型方法，可用于制备大型玻璃纤维复合材料。

在成型过程中，用手将纤维增强材料放入模具中，用刷子或滚筒涂抹树脂，整个制造过程及原材料（树脂和纤维增强体材料）在固化时一般均暴露在空气中。开模成型也可采用喷射等其他工艺。

图 5-5　高分子基复合材料的开模成型原理示意

（2）闭模成型

闭模成型原理如图 5-6 所示，原材料（树脂和纤维增强体材料）在双面模具中成型并在真空袋中固化。闭模成型过程通常是自动化进行的，需要特殊设备和模具，适用于大工厂进行大批量产品的成型制造。

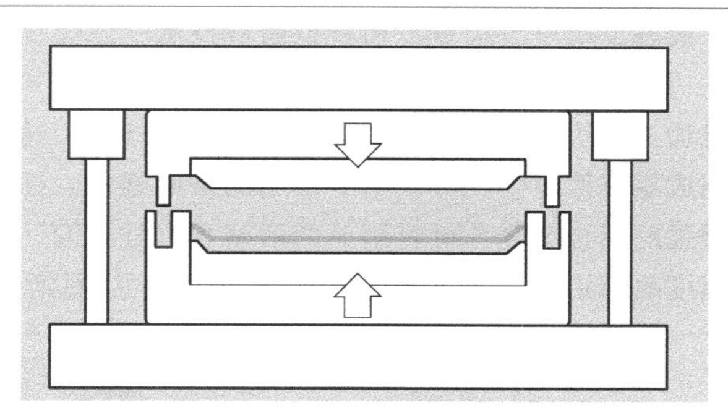

图 5-6　高分子基复合材料的闭模成型原理示意

（3）铸造成型

铸造成型是高分子基复合材料成型制造的主要方法，其制成品精度更高、性能更优。在铸造成型过程中（图 5-7），首先把增强体材料预成型体铺放在模具中，再将树脂和填料的混合物浇入模具中，然后进行固化。根据复合材料的形态差异，如管、筒、板、异形件，增强体的预成型工艺，铸造工艺和固化工艺都有显著的区别，相应的设备的要求差别也很大。

图 5-7　高分子基复合材料的铸造成型原理示意

5.2.2 金属基复合材料的传统成型制造技术

金属基复合材料的种类繁多，各组成元素的化学性质差异很大，增强体材料的成分、结构、形态也各有不同，因此，并没有一种通用的成型制造技术。例如，复合材料的增强体，可以是采用物理的方法外加进金属基体中，也可以是通过化学反应的方式从金属基体中原位内生出来。总的来说，金属基复合材料的制造技术可分为固态制造技术（包括粉末冶金法、热压法、轧制法、爆炸焊接法等）、液态制造技术（包括挤压铸造法、热喷涂法、液态金属浸渍法等）和新型制造技术（原位反应内生法、气相沉积法等）。基本思路是首先将增强体均匀分散在基体材料中，制造出可以进行后续机加工的块体材料；或者利用粉末冶金技术、铸造技术，直接将复合材料制成零部件坯体或可以直接适用的最终零件。图 5-8 所示为采用石墨颗粒增强的铝合金复合材料制成的活塞和汽缸衬套。添加石墨颗粒后，可以大幅度改善铝合金的强度、硬度和耐磨性，从而延长活塞的使用寿命。

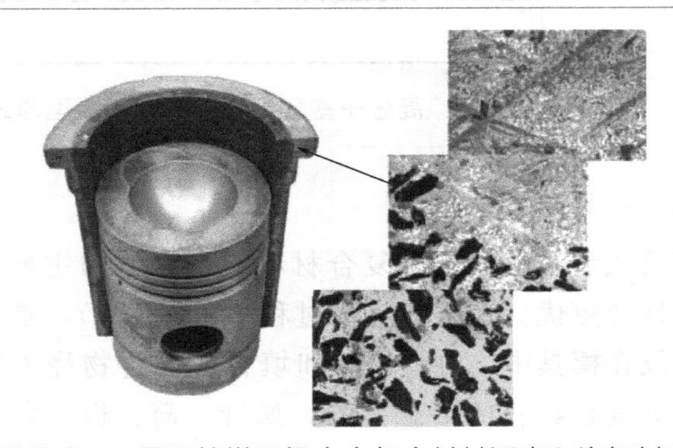

图 5-8　石墨颗粒增强铝合金复合材料活塞和汽缸衬套

5.2.3 陶瓷基复合材料的传统成型制造技术

陶瓷基复合材料的特殊性在于其增强体和基体材料通常都是陶瓷，甚至在某些情况下，增强体和基体为相同的陶瓷材料，只是在形态上有区别。陶瓷基复合材料的传统成型制造技术主要有：化学气相或液相渗透、聚合物浸渍-裂解、热压烧结等。其中，最常用的方法是聚合物浸渍-裂解（PIP）工艺。在PIP中，陶瓷基体是由浸渍到纤维增强体中的聚合物前驱体裂解形成的。

图5-9所示为应用于陶瓷基复合材料制造的聚合物浸渍-裂解（PIP）工艺原理图。其主要工艺步骤如下：

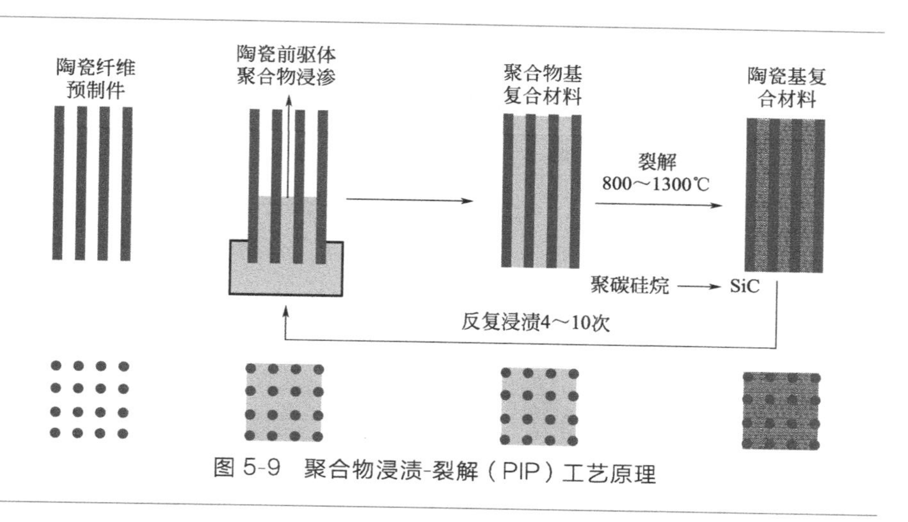

图5-9 聚合物浸渍-裂解（PIP）工艺原理

① 预浸料的制造　先用树脂浸渍增强纤维，然后干燥或部分固化。在此阶段，聚合物的黏度会增大。

② 预浸料铺放　将预浸料铺放成连续的预浸料层。

③ 成型　将预浸料成型。此阶段可以根据需要使用各种成型方法。可以利用气压和温度的共同作用，促进聚合物的固化。

④ 前驱体聚合物的浸渍　前述步骤获得的预成型体孔隙率较高，不致密，可将其浸入前驱体聚合物浆体中，此时，低黏度的前驱体浆体在毛细力驱动下，渗透进入预成型体中，填充满孔隙，提高致密度。

⑤ 裂解　在800～1300℃温度范围内、惰性气氛中进行前驱体聚合物的裂解分解。裂解过程中，挥发性产物如CO、H_2、CO_2、CH_4、H_2O等会释放出来，使得陶瓷基体形成多孔结构，并增加了基体的孔隙率。为

了降低陶瓷基体的残余孔隙率，可将浸渍-裂解过程循环重复4～10次。

如图5-10所示是采用一种将陶瓷浆料浸渍和低温热压工艺与PIP工艺相结合的组合工艺法制备的碳纤维/ZrB_2-SiC复合材料的工艺原理及样品。通过预浸渍陶瓷浆料和对裂解后的复合材料进行后续的低温热压处理，可大幅度提高其致密度。

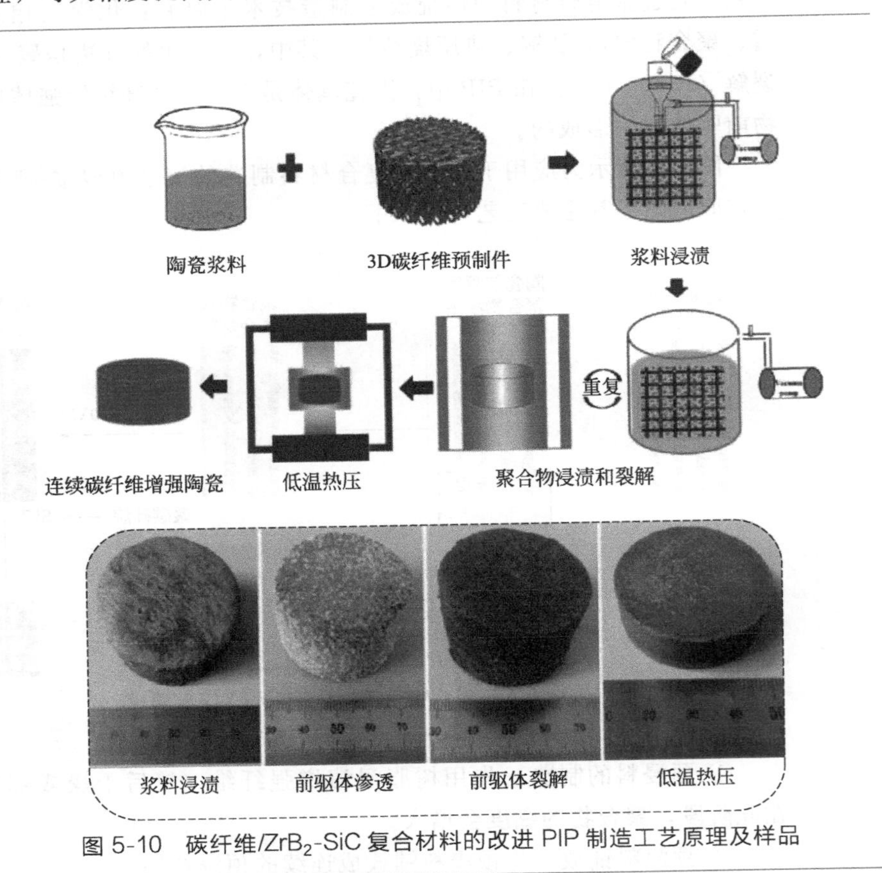

图5-10 碳纤维/ZrB_2-SiC复合材料的改进PIP制造工艺原理及样品

5.3 复合材料的3D打印技术

传统的复合材料成型制造技术，工艺烦琐，很多步骤需要大量的人工来操作，工艺可靠性低，产品批次稳定性低，产品性能指标波动范围大，对其制造和应用造成了不利影响。因此，将3D打印技术引入复合材料的成型制造是大有裨益的。由于复合材料的特殊性，其3D打印技术与复合材料和结构的相关性很大，有些 3D 打印技术适用的材料种类可能会多些，而有些技术可能适用的材料很少，在某些情况下，可能还需要为一些特殊的复合材料“定制”专属的 3D 打印技术。

5.3.1 高分子基复合材料 3D 打印技术

高分子材料熔点低，成本低廉，利用 FDM、SLS、SLA 等 3D 打印技术也易于成型，特别是 SLS 和 SLA 工艺，成型的精度高，表面粗糙度低，市场应用非常广泛。然而，高分子 3D 打印件的强度较低，也缺乏电、磁等功能特性，限制了其实际应用。高分子基复合材料的力学性能、功能特性等优于单纯的高分子材料，因此，发展高分子基复合材料的 3D 打印技术是非常有吸引力的。

（1）高分子基复合材料的 FDM 3D 打印技术

FDM 是应用于高分子基复合材料的最经济的 3D 打印技术。利用 FDM 3D 打印高分子基复合材料主要有以下两种技术途径。

第一种技术途径是从材料入手。在聚合物丝材中添加一定量的颗粒或纤维状第二相，以增强材料的强度，或使其具有导电、铁磁性等功能特性。图 5-11 所示为采用添加了铁粉的 PLA 线材 3D 打印的塑料杆，由于其中含有铁粉，可以被 NdFeB 磁珠吸引，并能搭建成三棱锥体。

图 5-11　FDM 3D 打印的铁粉/PLA 复合材料样件

第二种技术途径是从 FDM 设备的改进入手。如图 5-12 所示为一种改进的具有双打印头的 FDM 3D 打印机，可以使用两种不同的聚合物材料来打印所设计的各种复合结构。目前，也有研究人员试图通过类似的双打印头的配置，来实现连续纤维（玻璃纤维或碳纤维）增强的高分子基复合材料的 3D 打印。原理上，该思路是可行的，但目前在可打印结构的复杂性和精度等方面离实用化还有较大的差距。事实上，连续纤维增强高分子基复合材料的 3D 打印仍然是一个具有挑战性的技术难题。

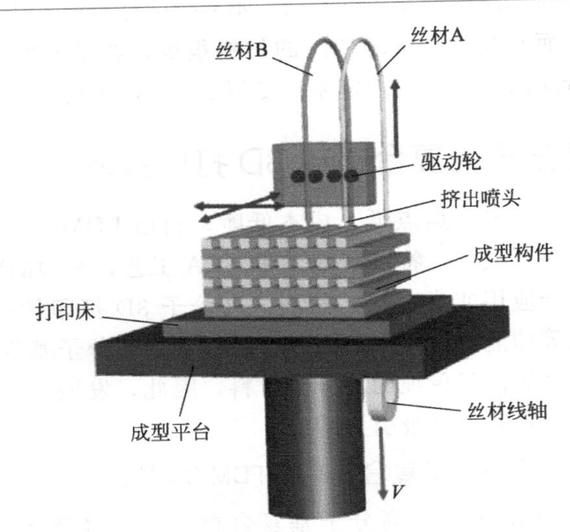

图 5-12 具有双打印头的 FDM 3D 打印机

最近，日本研究人员开发了一种在 FDM 打印机的挤出喷嘴内部将连续纤维和热塑性高分子材料进行浸渍混合，再挤出成型的连续纤维增强高分子基复合材料的 3D 打印方法和设备，如图 5-13 所示。连续纤维和树脂丝是各自独立送入挤压喷嘴的，连续纤维在送入喷嘴前还经过了预热处理，使其能和树脂更好地结合在一起。经过打印测试，证实该技术原理是可行的，但要实现高精度、高性能的连续增强高分子基复合材料的 3D 打印仍有很长的路要走。

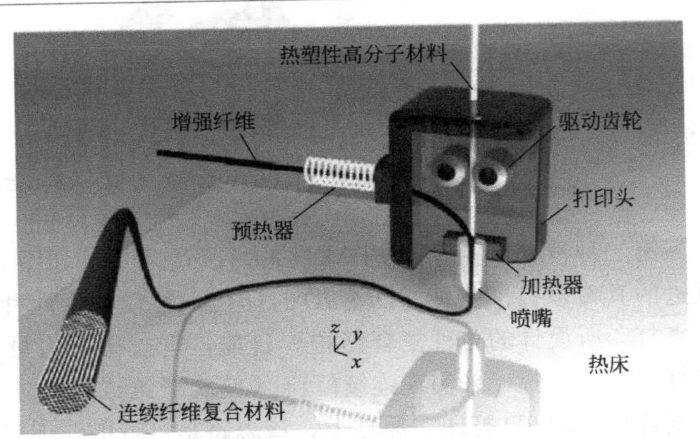

图 5-13 连续纤维增强高分子基复合材料的 3D 打印方法和设备

（2）高分子基复合材料的光固化 3D 打印技术

光固化 3D 打印的树脂构件，具有尺寸精度高、表面粗糙度低、表面光洁度好等优点，且光固化设备和打印工艺成熟稳定，价格也相对较低，是广受市场欢迎的主流 3D 打印技术。然而，光固化 3D 打印的零件力学性能较差，不能作为承力部件来使用，且在有载荷条件下作为功能性组件应用的可靠性也较低。在树脂中添加纤维增强相可以在一定程度上改善其力学性能，从而增大其在功能部件中的应用潜力。理论上，添加连续纤维的作用更理想，但在光固化设备中实现连续纤维的添加和打印的难度相当大。所以，在树脂中添加短纤维，并光固化 3D 打印成短纤维增强树脂基复合材料构件是更为现实的选择。

在传统制造工艺中，碳纤维是增强树脂的优异材料。然而，在光固化 3D 打印中，添加碳纤维却有很大难度，这是因为碳纤维会阻碍紫外光的传播，导致被它挡住区域的树脂不能按设定的要求固化。研究中发现，用玻璃纤维代替碳纤维有利于降低对紫外线的阻挡。基于此，发展了光固化 3D 打印短玻璃纤维增强树脂复合材料的技术方法。通过对玻璃纤维进行表面改性处理，可以有效降低纤维树脂混合液体的黏度，最终实现了添加体积分数为 20% 的短玻璃纤维（长度：1.6mm，直径：15.8μm）增强树脂基复合材料的光固化 3D 打印。如图 5-14 所示为光固化 3D 打印的玻璃短纤维增强树脂基复合材料的微结构形貌，可以看出玻璃纤维和树脂基体的结合良好，界面清晰，纤维分布均匀，没有团聚现象。经测

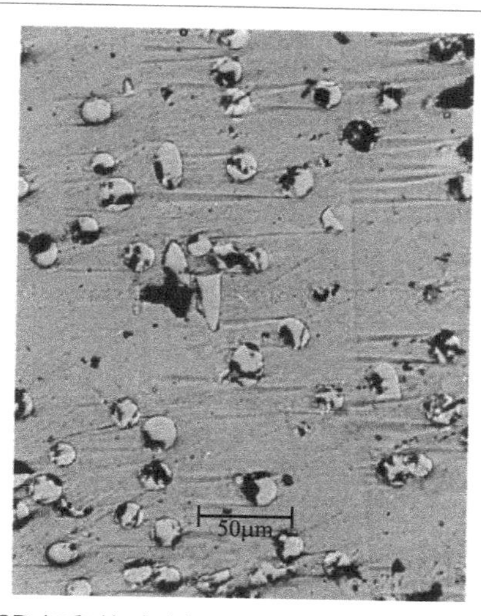

图 5-14　光固化 3D 打印的玻璃短纤维增强树脂基复合材料的微结构形貌

试，所打印的复合材料的力学性能优于纯树脂材料。在研究中还发现，对于因受纤维影响紫外光照射不足而引起的残存的未固化区域，可通过后续的热处理将其固化。紫外光固化和热处理固化相结合，可进一步提高短纤维的体积含量，进一步增强复合材料的强度。

(3) 高分子基复合材料的激光选区烧结3D打印技术

激光选区烧结（SLS）是一种基于粉末床的3D打印技术，可打印的高分子材料主要有聚酰胺（PA）、聚乙烯（PE）、聚醚醚酮（PEEK）和PCL等。SLS要求所使用的粉末具有高流动性，以便顺利完成一层粉末的平铺。因此，SLS所使用的粉末在形态上为细小的球形颗粒。显然，在SLS 3D打印中使用连续纤维是难以实现的。添加短纤维的体积分数也不能太高，否则会影响粉末的流动性。

研究表明在聚酰胺（PA12）中加入碳纳米管可以改善其力学性能。最近，研究人员借助SLS 3D打印技术实现了一种碳纤维/聚酰胺/环氧树脂三元复合材料的成型，其工艺流程如图5-15所示。首先将短碳纤维和PA12粉末均匀混合在一起形成复合粉体；然后利用SLS 3D打印设备将多孔碳纤维/聚酰胺坯体打印出来；接着将所打印的坯体浸入环氧树脂溶液中，使其将坯体中的孔隙填满；最后通过烧结固化得到致密的碳纤维/聚酰胺/环氧树脂三元复合材料样品。经测试分析，SLS 3D打印的树脂基复合材料中，碳纤维分布均匀，纤维与基体界面结合良好，通过增加碳纤维比例，复合材料的弯曲强度和弯曲模量分别提高了114%和243.4%。采用该技术，还可实现碳纤维/酚醛/环氧树脂三元复合材料的3D打印。

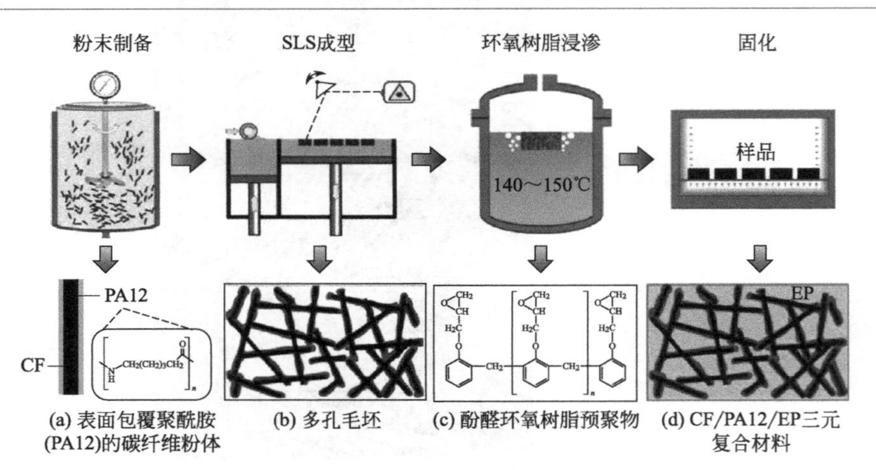

图5-15 碳纤维/聚酰胺/环氧树脂三元复合材料的SLS打印工艺流程

（4）高分子基复合材料的挤出成型 3D 打印技术

基于挤出成型的 3D 打印技术，具有优异的通用性和低成本优势。目前，挤出成型 3D 打印技术在高分子基复合材料的制造中也取得了良好进展。轻质多孔碳纤维（直径 10μm，平均长度 220μm）、SiC 晶须增强树脂基复合材料已通过挤出成型 3D 打印的验证实验。如图 5-16 所示，将 SiC 纤维分散在环氧基树脂中形成打印用的复合材料油墨，经测试，该油墨具备理想的黏弹性和较长的使用寿命（30 天）。在打印中，油墨在挤压力的作用下从锥形喷嘴中挤出，挤出过程中，在剪切力的作用下 SiC 纤维将沿挤出方向近平行排列。如图 5-16 所示，采用挤出成型，可 3D 打印出高精度的三角蜂窝结构。经过结构和力学性能测试（如图 5-17 所示），与纯树脂相比，SiC 填充和 SiC/C 填充的 3D 打印复合材料的强度均有显著提升，但塑性降低明显，从断口形貌上来看，均为典型的脆性

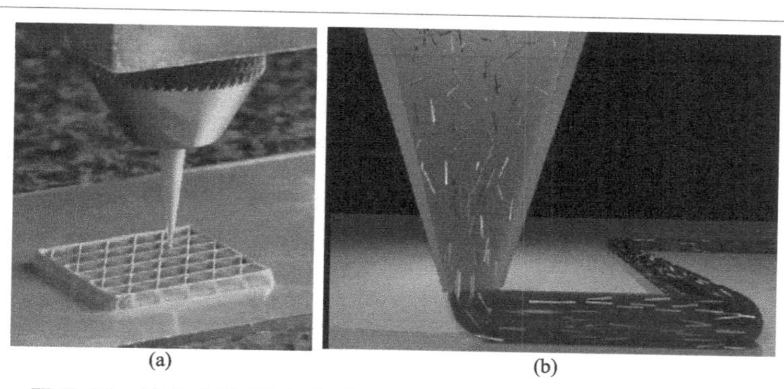

图 5-16 挤出成型 3D 打印碳纤维、SiC 纤维增强树脂基复合材料

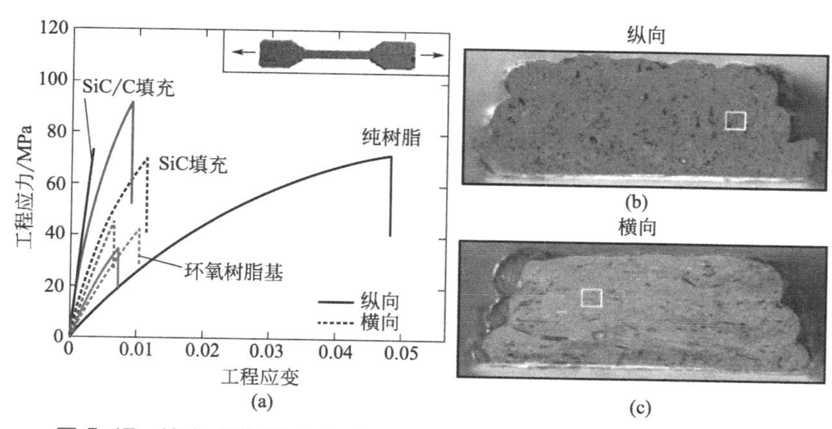

图 5-17 挤出成型 3D 打印 SiC 纤维增强树脂基复合材料的力学性能

断裂模式。总的来说，挤出成型3D打印可作为一类低成本的短纤维增强高分子复合材料的制造技术。该技术的核心和难点在于混合浆料的配制。

5.3.2 金属基复合材料3D打印技术

金属基复合材料是将具有高强度和高模量的陶瓷增强体嵌入韧性金属基体中，以克服金属在强度和刚度方面的不足。金属基复合材料表现出优异的物理性能和力学性能，可应用于汽车舰船、航空航天等领域。金属3D打印技术使用微小的材料单元来构筑宏观尺度三维实体的技术原理为使用传统方法难以制造的金属基复合材料开辟了一条新的技术途径。根据制备过程中陶瓷增强体的形成方式，可将金属基复合材料分为外加和原位生成两大类。金属基复合材料的3D打印技术主要基于现有的金属3D打印技术开展，常用的有基于粉末熔化的方法，如粉末床熔化成型和激光近净成型；也有非熔化的方法，如黏合剂喷射3D打印等，但非熔化的方法只能3D打印复合材料坯体，需要后续的脱脂和高温烧结来获得最终零件，可归类于3D打印辅助制造。

(1) 基于粉末床铺粉工艺的金属基复合材料3D打印技术

基于粉末床铺粉工艺的3D打印技术，如激光选区熔化3D打印，可通过将金属粉末和增强体制成复合粉末，利用现有设备，通过打印工艺的优化而直接打印成型，是目前主流的金属基复合材料3D打印技术。该技术的核心是设计制备高流动性的复合材料粉末。目前，应用于3D打印金属基复合材料的增强体材料主要有：TiC、TiB_2、Al_2O_3、碳纳米管和纤维、SiC或Mg_2AlO_4等，为有利于增大打印件的致密度和力学性能，一般所添加的增强体都应在纳米尺寸范围内。

在实践中，复合材料粉末最常用的、经济的制备方法是将金属基体材料粉末和添加相陶瓷粉末按设定比例通过混粉设备直接混合在一起。其原理如图5-18所示。SLM 3D打印工艺所使用的粉末的平均粒径一般在30μm左右，如果添加相陶瓷粉末是纳米级粒子，经过混粉处理后，其将黏附在金属粉末的表面，如图5-19所示。需要指出的是，由于外加的陶瓷粉末黏附在金属粉末表面，或团聚在一起，导致复合材料粉末的流动性降低，对铺粉质量有不利影响。

在控制含量和分布状态的条件下，纳米陶瓷粒子和金属粉末的复合粉体的流动性仍然可以满足铺粉的要求。但在将纤维状增强体（碳纳米管、碳纤维、陶瓷纤维等）和金属粉末复合时却遇到了很大的困难。这是因为纤维之间很容易缠结在一起，难以实现均匀分散，严重降低了复

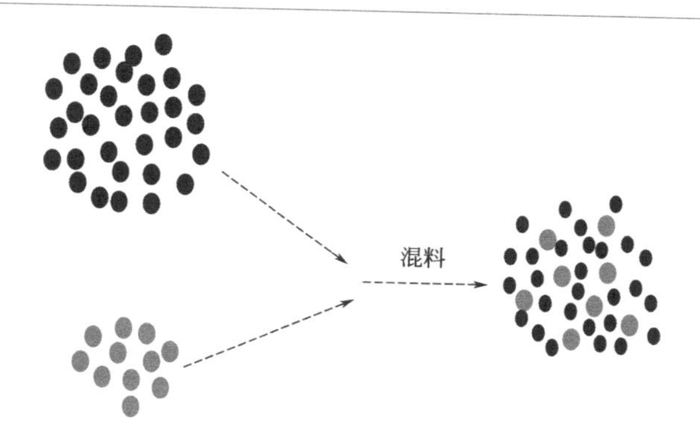

图 5-18 复合材料粉末的制备原理

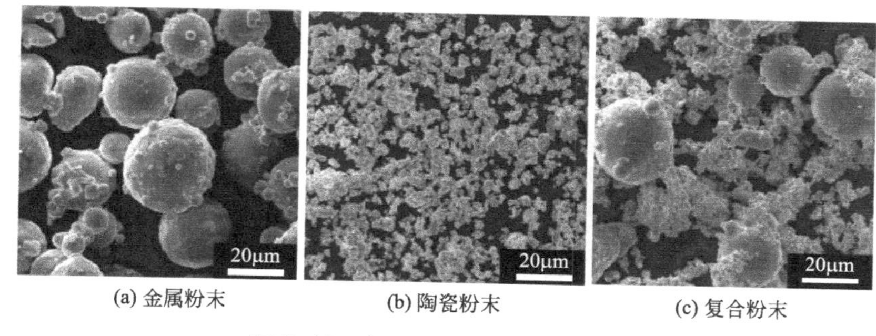

(a) 金属粉末 (b) 陶瓷粉末 (c) 复合粉末

图 5-19 金属基复合材料粉末形貌

合粉末的流动性，使得铺粉和打印过程无法平稳进行。对此，有研究者提出了在金属粉末表面涂覆纤维增强体的思路，既解决了纤维增强体均匀分散的问题，又保留了原始粉末的球形形态。利用流化床化学气相沉积（FBCVD）方法，可以将金属粉体暴露在气态前驱体中，并使来自前驱体的纤维产物均匀沉积到每个颗粒上。2020 年，基于该思路，研究人员在 Ti-6Al-4V 粉末表面实现了碳纳米管的植入，如图 5-20 所示，这种碳纳米管/Ti-6Al-4V 复合粉体，解决了复合粉体颗粒的球形形态并实现了碳纳米管的均匀分散，因此具有良好的流动性和可打印性。打印的复合材料的相对密度为 99.9%。此外，从图中还可以看出，在打印形成的复合材料微结构中，部分碳纳米管被保留下来，而剩余部分则通过界面反应和溶解沉淀机制形成 TiC 纳米粒子和纳米片状结构。由于碳纳米管、纳米 TiC 粒子和纳米片的协同增强作用，所打印的复合材料的拉伸屈服强度达到 1162MPa，比 Ti-6Al-4V 基体合金提高了 240MPa，但复合材料的延伸率有不小的降低，仅为 3.2%，如图 5-21 所示。

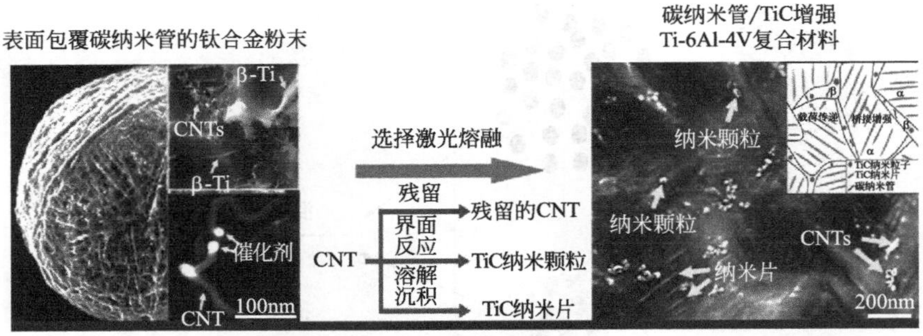

图 5-20　表面包覆碳纳米管的钛合金粉末及 SLM 打印形成的复合结构

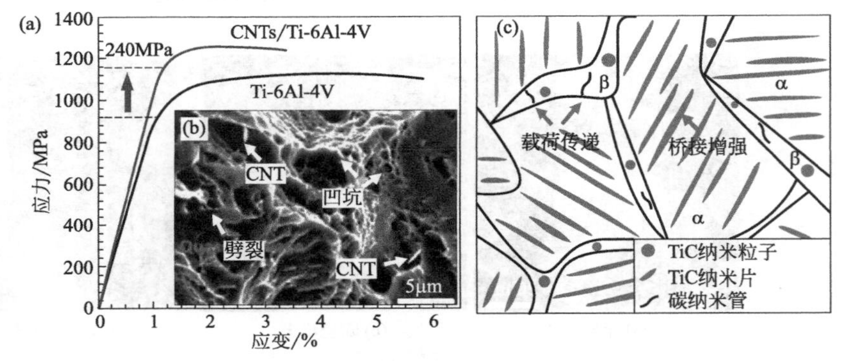

图 5-21　碳纳米管/钛合金复合材料的力学性能及增强机制

研究表明，采用外加方式引入的增强体难以实现在金属基体中的均匀分布。如图 5-22 所示为 SLM 3D 打印的 Al-7Si-0.3Mg-10%SiC 复合材料沿生长方向的截面形貌，可以看出，添加的 SiC 颗粒的团聚分布导致形成了非常不均匀的微观结构。因为陶瓷增强体在金属基体中的分散状态将影响 3D 打印的复合材料的力学性能，所以探明影响增强体分布状态的工艺因素是非常有意义的。研究表明，3D 打印过程中的激光能量密度对熔池中增强体的分布有显著的影响作用。图 5-23 所示给出了铝合金熔池中的 TiC 颗粒的分布状态随激光能量密度的变化。如图 5-23 所示，在 250J/m 的低激光能量下，Marangoni 对流效应较弱，因此 TiC 颗粒在重力的影响下下沉并聚集［图 5-23(a)］。因此，增加激光能量可以改善 TiC 增强体的流动和分布［图 5-23(b)］，以获得增强体的均匀分布［图 5-23(c)］。然而，过高的激光能量可能会使 TiC 颗粒粗化，并恶化其微观结构和力学性能［图 5-23(d)］。基于上述研究，在外加陶瓷增强体/金属基复合材料的 SLM 3D 打印中，需要优化打印参数，并确定出可以实现增强体均匀分布的最佳激光能量密度值。

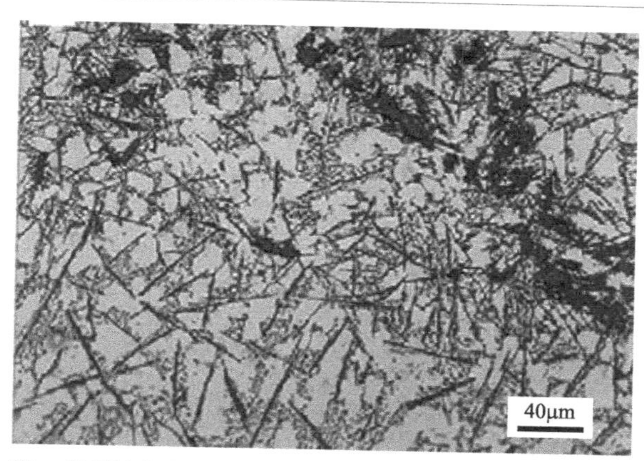

图 5-22 Al-7Si-0.3Mg-10%SiC 复合材料沿生长方向的截面形貌

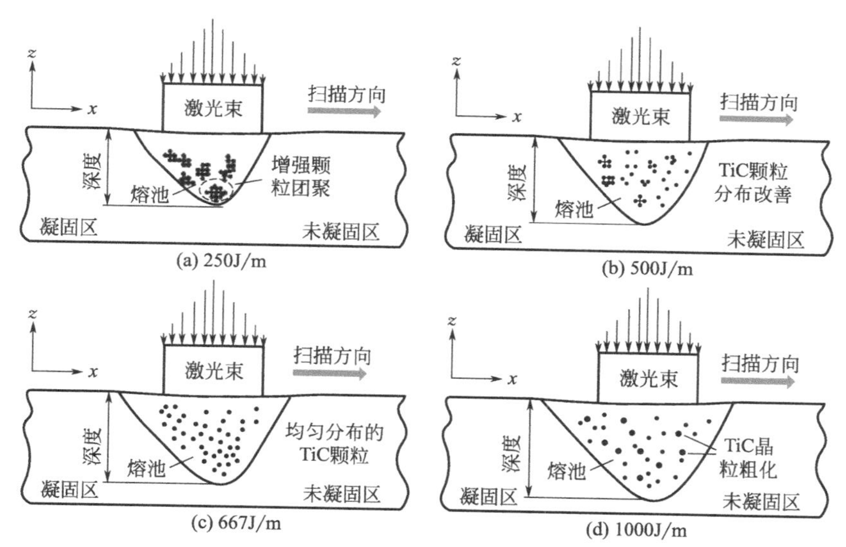

图 5-23 TiC 增强体在熔池中的分散状态与激光能量的关系

内生陶瓷增强体具有分散均匀和界面结合好的特点，吸引了不少研究者的关注。图 5-24 所示为采用激光选区熔化 3D 打印的一种内生 TiC/钛复合材料。该研究工作以 Ti+10.5%Mo_2C 复合粉末为原料，经过优化 SLM 打印工艺，在纯钛基体中实现了 TiC 晶须的原位内生，其反应过程和机理如下：

$$Ti+Mo_2C \longrightarrow TiC+Ti(2Mo)$$

从图 5-24(b) 中可知，所打印的内生 TiC 增强 Ti 复合材料的极限抗压强度为 1642 MPa，杨氏模量为 126GPa。这项工作表明，利用内生陶瓷相的强化作用，可打印出以纯钛为基体的超强钛复合材料。

目前，3D 打印的金属基复合材料存在的最大缺点是大多数材料的韧性都比基体金属差，且一般随着陶瓷相含量的增大，韧性降低得更多，如图 5-25 所示。这个问题需要在后续的研究工作中加以解决。

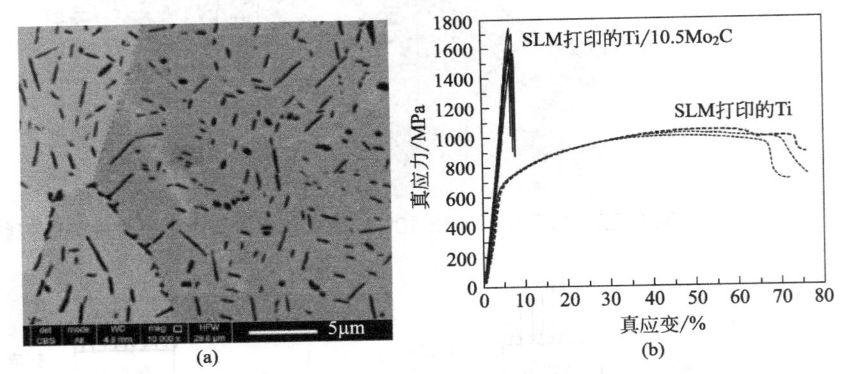

图 5-24 SLM 3D 打印的内生 TiC/钛复合材料及压缩曲线

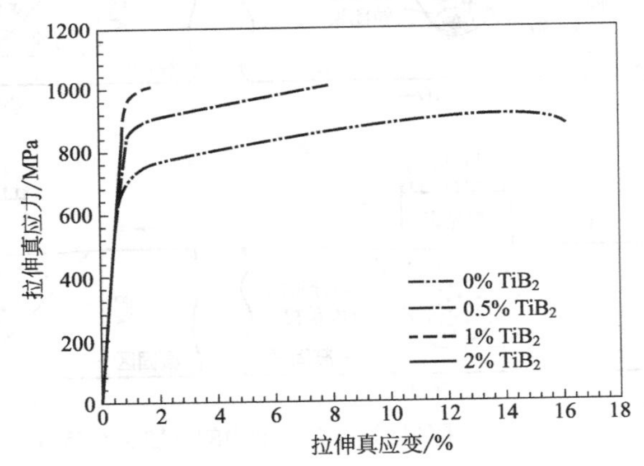

图 5-25 SLM 3D 打印的内生 TiC/钛复合材料及压缩曲线

研究发现，通过添加陶瓷增强体也可以改善 3D 打印金属基复合材料的耐磨性能。为了提高 316L 不锈钢的耐磨性能，进一步拓宽其应用领域，采用外加 TiC 纳米粒子的方式，用 SLM 3D 打印技术制备了 TiC 颗粒增强 316L 不锈钢复合材料，其制备过程如图 5-26 所示。进一步系统研究了所打印复合材料的摩擦学性能。以 GCr15 轴承钢为摩擦副，分别在 15N、25N 和 35N 的载荷下，以 60mm/min、80mm/min 和 100mm/min 的滑动速度进行了滑动摩擦磨损试验。结果表明，在各种条件下，TiC/316L 不锈钢复合材料的磨损性能均优于基体，且随着摩擦率的增加，TiC/316L 不锈钢复合材料的磨损率降低。其原因在于：TiC 颗粒的大量加入而导致 316 不锈钢晶粒细化；另外，由于 TiC 颗粒的存在，TiC/316L 不锈钢复合材料的硬度和强度得到了很大的提高，加工硬化能力也得到提高。上述因素的综合作用使得复合材料的耐磨性能得到改善。

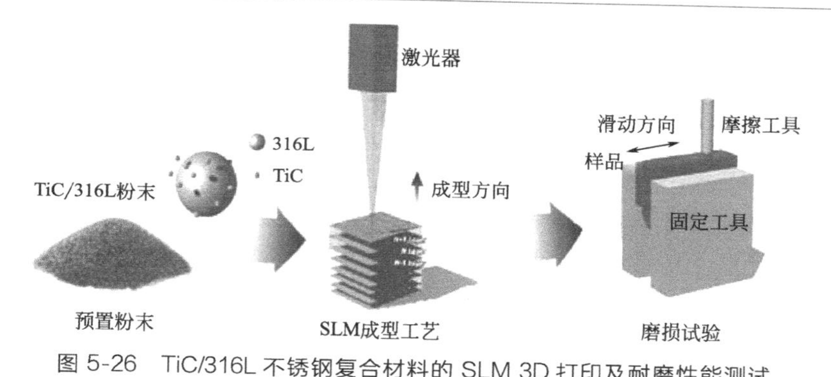

图 5-26 TiC/316L 不锈钢复合材料的 SLM 3D 打印及耐磨性能测试

(2) 基于送粉工艺的金属基复合材料 3D 打印技术

基于送粉工艺的金属 3D 打印技术，如激光近净成型技术（LENS）也可应用于金属基复合材料的 3D 打印。图 5-27 所示为采用激光近净成型技术（LENS），以钛或钛合金和硼粉末为原料，3D 打印 TiB/Ti 复合材料的工艺流程，该技术采用了两个送粉器分别将基体粉末和添加相粉末送入激光熔池，在快速凝固过程中，细小的 TiB 在钛合金基体中析出，提高了复合材料的高温蠕变和疲劳性能。

将激光近净成型与送丝装置相结合，也可实现金属基复合材料的 3D 打印。图 5-28 所示为该组合设备的结构示意。在打印过程中，基体材料 Ti-6Al-4V 以细丝进给方式送至激光光斑处，而陶瓷增强体（TiC 颗粒）以粉末的状态通过送粉器送过来。研究结果表明，在 TiC 粉末供给量适当的情况下，TiC 颗粒可均匀分布在 Ti-6Al-4V 合金基体中，形成 TiC/Ti-6Al-4V 复合材料。滑动磨损试验表明，当 TiC 增强体的体积分数大于 24% 时，TiC 颗粒的存在可使复合材料的摩擦性能有明显的改善。

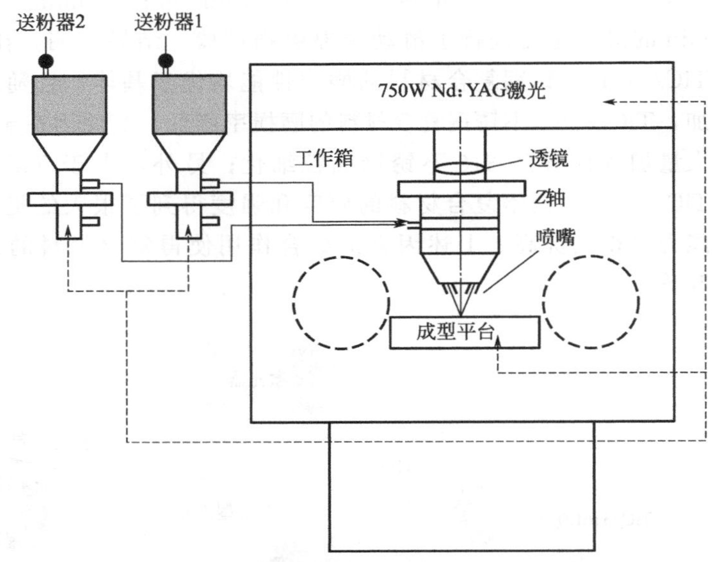

图 5-27　TiB/Ti 复合材料的 LENS 3D 打印

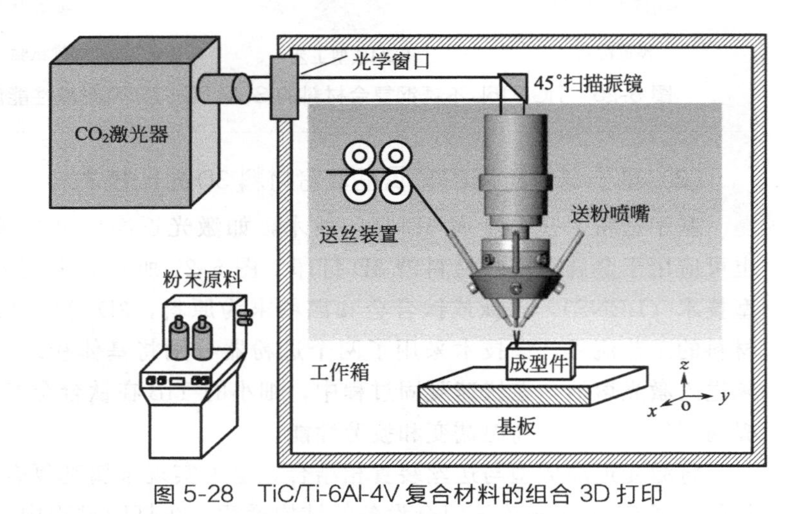

图 5-28　TiC/Ti-6Al-4V 复合材料的组合 3D 打印

5.3.3　陶瓷基复合材料 3D 打印技术

设计和开发陶瓷基复合材料的目的是希望能增加其韧性和可靠性，或改善其某些功能特性。而 3D 打印技术的引入将进一步解决其难以成型制造的难题。可见，研发陶瓷基复合材料的 3D 打印技术是非常重要的。

（1）基于光固化成型的陶瓷基复合材料 3D 打印技术

经过近几年的发展，基于光固化成型的陶瓷 3D 打印技术越来越成熟，该技术使用可紫外光固化的预聚物，以紫外光投影到打印机树脂仓中固化聚合物，并以逐层固化叠加的方法快速打印部件。由于该技术的通用性，有望成为陶瓷 3D 打印的主流技术。但严格说来，该技术仅 3D 打印了预聚物成型坯体，还需要后续的烧结才能得到最终陶瓷件，是一种间接陶瓷 3D 打印技术或 3D 打印辅助制造技术。由于陶瓷本身的特性，其直接打印成型是难以实现的。

HRL 实验室 2016 年在美国《科学》杂志上首先发表了基于光固化的陶瓷 3D 打印技术，原理见图 5-29。最近，该实验室进一步利用该技术实现了一种陶瓷基复合材料的 3D 打印。首先，设计研发了一种含有惰性陶瓷粒子的硅氧烷基前驱体树脂；然后，采用 DLP 光固化设备将其固化为设计形状的坯体；最后，通过热解将其转化为含有增强体颗粒的陶瓷基（SiOC）复合材料。测试结果表明，通过添加增强材料，可以显著提高 3D 打印陶瓷部件的韧性。

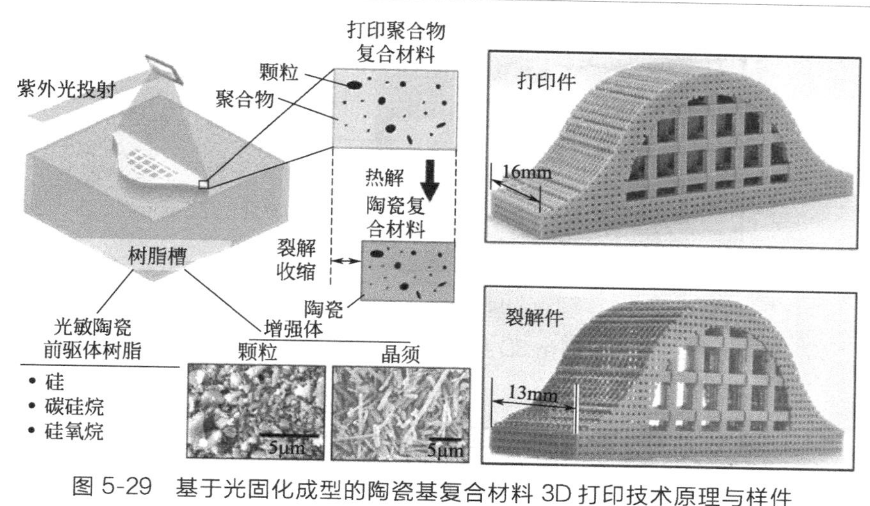

图 5-29 基于光固化成型的陶瓷基复合材料 3D 打印技术原理与样件

图 5-30 所示为基于光固化 3D 打印 ZrO_2-Al_2O_3 样件的工艺过程示意及样品微观形貌。研究者首先合成了紫外光固化使用的 ZrO_2-Al_2O_3 复合陶瓷浆料，并打印了相应的陶瓷坯体，再通过脱脂和烧结工艺得到了 ZrO_2-Al_2O_3 复合陶瓷齿轮零件。系统研究了在不同温度和保温时间下烧结的 ZrO_2-Al_2O_3 复合陶瓷的显微组织、硬度和断裂韧性。发现当烧结温度为 1500℃、保温时间为 60min 时，所打印烧结成型的 ZrO_2-

Al_2O_3 复合陶瓷的密度、硬度和断裂韧性分别达到 3.75g/cm^3、14.1GPa 和 4.05MPa·$m^{1/2}$。当烧结温度高于 1500℃时，会出现晶粒异常长大，导致复合陶瓷力学性能下降；而当烧结温度低于 1500℃时，较低的驱动力使晶粒生长不充分，导致陶瓷密度低，力学性能变差。随着保温时间的增加，烧结驱动力增强，有利于晶粒长大。但是，当保温时间超过 60min 时，陶瓷的实际密度几乎没有变化，陶瓷的力学性能无法进一步提高。

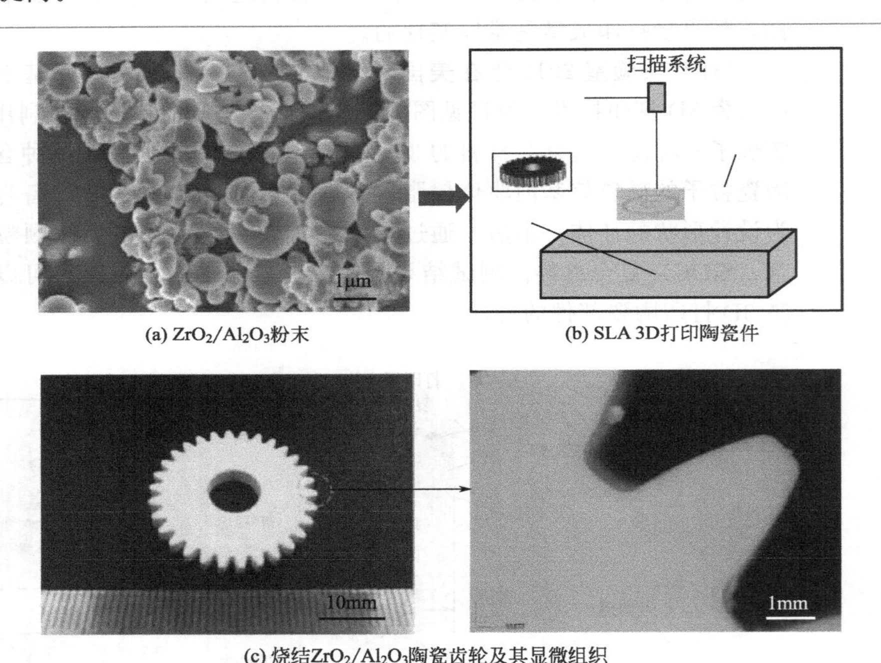

(a) ZrO_2/Al_2O_3粉末　(b) SLA 3D打印陶瓷件

(c) 烧结ZrO_2/Al_2O_3陶瓷齿轮及其显微组织

图 5-30　基于光固化 3D 打印 ZrO_2-Al_2O_3 样件的工艺过程示意及样品微观形貌

(2) 基于直写成型的陶瓷基复合材料 3D 打印技术

直写成型技术（DIW）也可以用于陶瓷基复合材料的 3D 打印。图 5-31 所示为基于直写成型的陶瓷基复合材料的 3D 打印技术示意。该方案采用陶瓷颗粒或短纤维作为增强体，因此，并不需要对直写成型设备做改动，其核心在于设计和制备基体陶瓷的预聚物。预聚物需具备剪切稀化特性和快速黏度恢复特性。将预聚物、碳化硅填料和短切碳纤维配成直写成型墨水，通过直接墨水书写的方法来打印预成型坯体，随后经过裂解获得最终的陶瓷基复合材料结构。从图 5-31 中可以看出，挤压过程中，由于喷嘴尖端产生的剪切应力，碳纤维可与打印方向形成近平行排列。这项工作结果表明，通过嵌入短纤维的预聚物墨水的 DIW 打印可以成功制备陶瓷基复合材料。

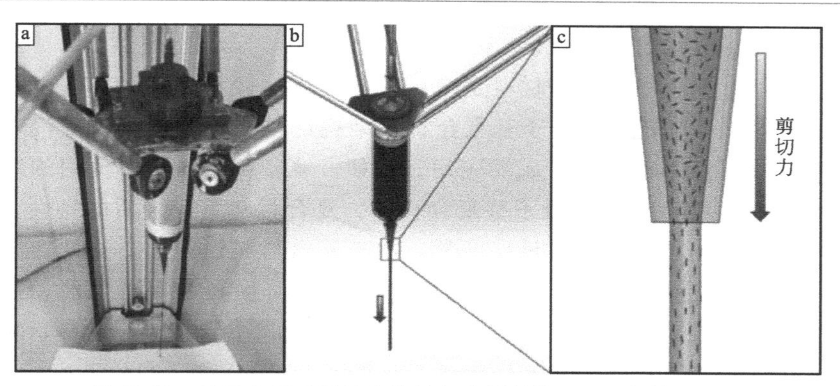

图 5-31 基于直写成型的陶瓷基复合材料的 3D 打印技术示意

哈尔滨工业大学的研究者采用一种改进的直写成型设备实现了连续纤维增强陶瓷基复合材料的 3D 打印，其原理如图 5-32 所示。在打印之前，连续的纤维通过导引管进入喷嘴的针头中，陶瓷墨水装入料筒内并采用压缩空气泵对其施加一定的气压，使其顺利挤出。执行 3D 打印时，陶瓷墨水被挤出到喷嘴针头内并将纤维包裹，最后形成一个核壳结构线条，被挤出并成型。在打印形成的复合结构中，纤维均匀连续地分布在基体陶瓷中，保持了纤维增强复合材料的高成型精度。测试结果表明，体积分数含量为 10% SiO_2 连续纤维的陶瓷复合材料的抗弯强度提高了约 27%。

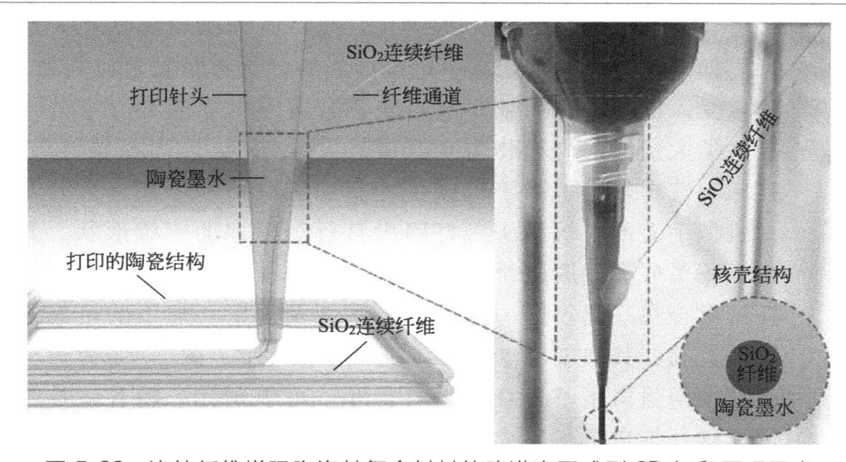

图 5-32 连续纤维增强陶瓷基复合材料的改进直写成型 3D 打印原理示意

5.4 3D打印复合材料的应用

高分子基复合材料是应用最为广泛的轻量化结构材料。采用传统成型技术制造的高分子基复合材料结构部件在飞机、高铁、汽车电子等众多领域都已实现了成功应用。例如，波音787客机所使用的结构材料中有大约50%为高分子基复合材料，复合材料具有轻质的特性，大大提升了客机的燃油经济性。此外，由于复合材料耐腐蚀，长期加湿不会对其造成腐蚀，因此787客机舱内空气湿度可提高10%～20%，从而提升了乘客乘坐的舒适性。3D打印技术的应用，丰富了复合材料，特别是高分子基复合材料的成型技术。下面举例说明3D打印高分子基复合材料的几个典型应用。

碳纤维增强高分子基复合材料在轻量化结构部件上具有重要的应用价值，也是3D打印高分子基复合材料拓展应用的重要领域。

例如，碳纤维自行车车架具有弹性好、吸振性优异、重量轻、耐腐蚀等突出优势，是一种高端自行车车架。通常所说的碳纤维自行车车架实际上是由碳纤维和高分子树脂组成的复合材料加工成型的。虽然碳纤维自行车车架越来越受欢迎，但其普及程度却非常低。造成这种状况的主要原因是碳纤维增强高分子树脂复合材料不仅原料昂贵，而且加工成型工艺过程复杂。传统的碳纤维车架制造过程大多靠人工来完成：工人需要先用手把浸渍了树脂的碳纤维铺在车架模具周围。接着在烘箱中加热，使树脂融化，并将碳纤维紧密粘在一起而形成车架。如前所述，实现连续碳纤维增强高分子树脂复合材料的3D打印是非常受人们关注的领域。国内外也有多家专业的自行车公司在这方面投入了大量的人力和物力来开展研发。Arevo公司在碳纤维车架的3D打印制造中采用了基于机械手的新加工设备和工艺。该公司使用安装在机械手上的“沉积头”打印出自行车车架的三维形状。其核心步骤是沉积头放下一股碳纤维，同时融化一种热塑性树脂材料，将这些碳纤维黏合在一起。这一过程几乎不涉及人工，加工的可靠性和一致性大大提高。其加工成本只有传统工艺的1/3。图5-33为该公司制造的碳纤维增强树脂基复合材料自行车。可以预计，随着该技术的大量使用，碳纤维自行车的成本将大大降低，从而使其市场占有率得到显著提升。

图 5-33 碳纤维增强树脂基复合材料自行车

3D 打印的高分子基复合材料轻量化结构部件在汽车上也具有重要应用价值。美国橡树岭国家实验室的研究人员采用短纤维增强的树脂基复合材料 3D 打印了汽车车身结构部件，如图 5-34 所示。该部件使用了短切碳纤维增强 ABS 塑料，采用熔融沉积成型（FDM）方法打印成型。为了实现大尺寸结构部件的连续打印，采用粒料喂料方式，将原料喂入单螺杆挤出机中，并加热到约 210℃。然后将熔融的复合材料通过直径为 8mm 的喷嘴挤出。喷嘴可按设计路径移动并沉积约 4mm 厚的材料层。此材料层在几秒内冷却后，即可沉积另一层。迄今为止，该实验装置已经测试了丙烯腈-丁二烯-苯乙烯（ABS）、聚苯硫醚（PPS）、聚苯砜（PPSU 或 PPSF）、聚醚醚酮（PEEK）、聚醚酮酮（PEKK）和聚醚酰亚胺（PEI）等多种常用的树脂基体材料，以及碳纤维、玻璃纤维、纳米纤维和石墨烯等增强材料。

图 5-34 短纤维增强树脂基复合材料 3D 打印的汽车车身结构部件

3D打印高分子基复合材料轻量化结构部件的一个重要应用领域是飞机上的大型复合材料结构部件。为此，需要解决的关键问题是如何实现大型连续纤维增强树脂基复合材料结构部件的3D打印成型。前面提及的自行车车架和汽车壳体的结构尺寸远远小于飞机上的大型部件。因此，开发复合材料的大规模3D打印技术和设备成为航空制造企业关注的焦点。

美国Branch Technology公司近期在田纳西州纳什维尔市建造了一个超大型的树脂基复合材料3D打印结构体，20英尺高，42英尺宽（1英尺=30.48厘米），如图5-35所示。虽然该结构体并不是在现场一体化整体打印的，而是分成了几个部分在工厂里打印完成后，运输到现场再装配成整体的，但其每个部分的结构尺寸仍然是很大的。从图5-35中可以看出，该结构体采用蜂窝结构设计，使其在保持结构稳定的同时更显示出优异的轻量化效果。其3D打印工艺为：将丙烯腈-丁二烯-苯乙烯（ABS）塑料和短切碳纤维的混合物通过打印机的喷嘴挤出并沉积成型。为了增大打印空间，挤压头连接在一个12.5英尺高的机械臂上，机械臂则在33英尺长的轨道上移动。这个3D打印的碳纤维增强ABS复合材料结构体重约3200磅（1磅=453.59克），可以承受1英寸（1英寸=2.54厘米）厚的积冰、12英寸厚的积雪和90英里/时的风荷载。

图5-35 3D打印的大型碳纤维增强ABS构件

美国波音公司也在大型树脂基复合材料结构部件的3D打印技术和设备领域开展了研究工作。图5-36所示即为波音公司为777X客机所制作的一个大型的3D打印碳纤维增强ABS复合材料飞机部件。该部件长度约12英尺，其原料为添加了20%碳纤维的ABS塑料，采用大规模3D打印机和垂直叠层打印相结合的方法进行打印。目前，该打印部件是作为测试件来进行验证实验的。为了将该3D打印技术和设备在飞机复合材料部件的制造上实际应用，下一步需要解决PEI、PEEK、PPS、PSU和PESU等航空航天常用的高分子材料作为基体树脂材料的问题，以及如何为大型3D打印机配置一个可控温的加热室等技术问题。相信随着上述问题的解决，3D打印将发展成为纤维增强高分子基复合材料结构部件的主流制造技术，并将在航空航天领域实现规模化应用。

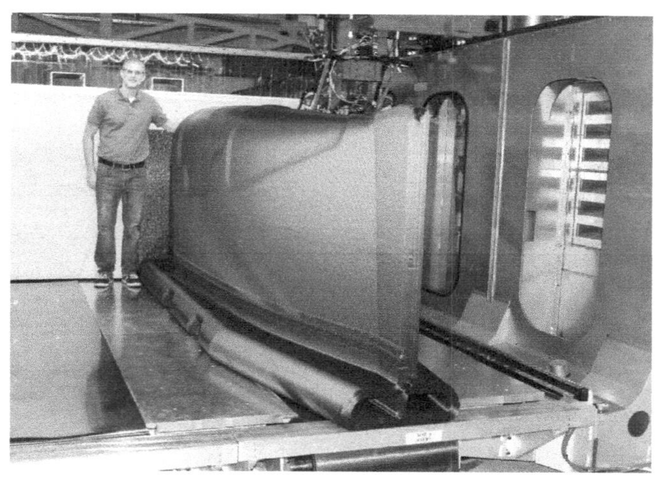

图5-36 波音公司3D打印的大型碳纤维增强ABS复合材料飞机部件

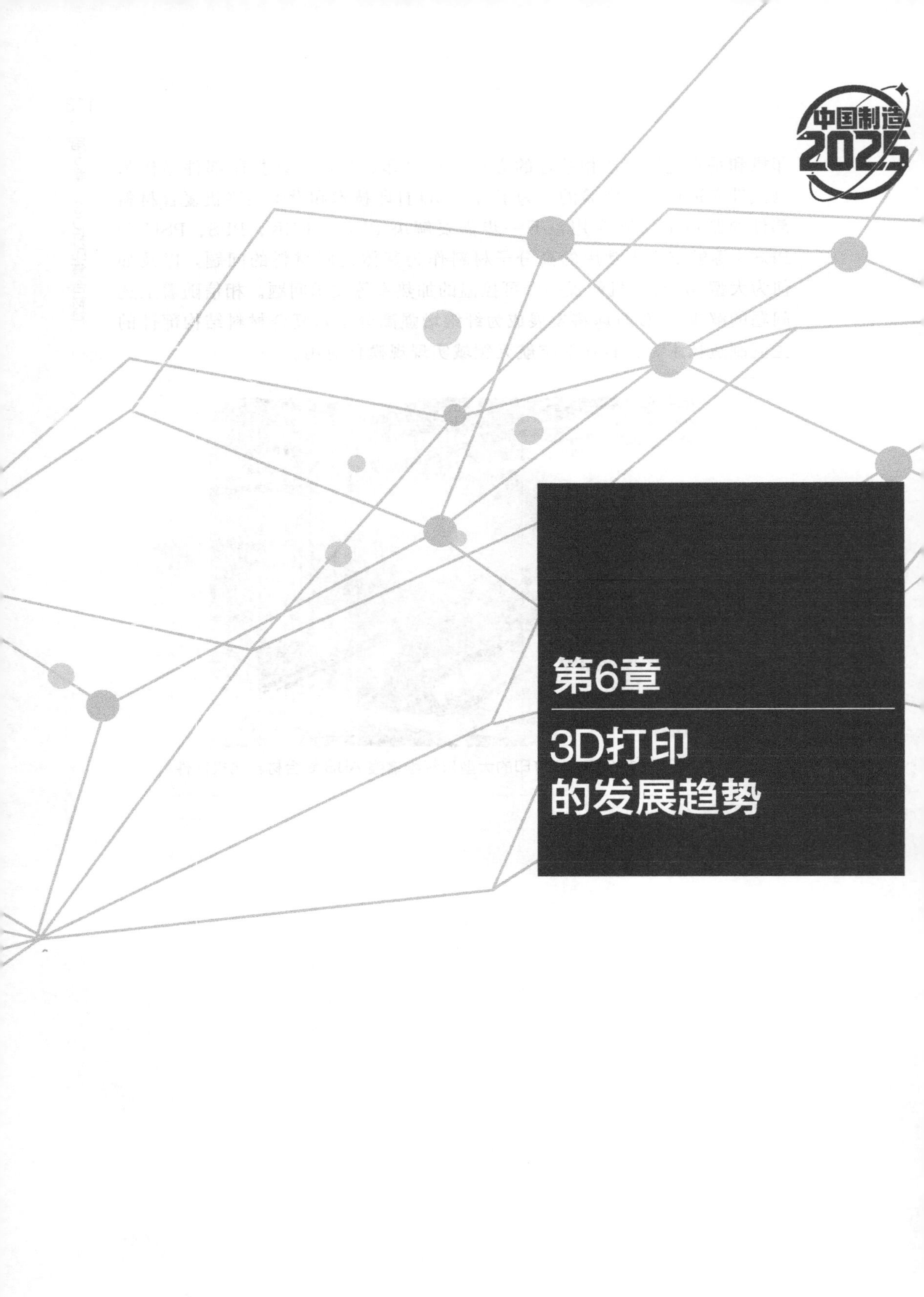

第6章

3D打印的发展趋势

3D 打印技术代表了先进制造业的发展方向，是智能制造、云制造和数字化制造的核心技术之一。当前，3D 打印正在蓬勃发展，无论是 3D 打印技术和设备，还是 3D 打印材料，都在迅速发展和进步，并不断有革命性的创新出现。从历史发展来看，计算机技术与各个行业的结合，以及互联网与各个行业的结合，都推动了人类社会的发展。如今，3D 打印技术正在进入各个行业，不断有成功的应用案例涌现。同时，社会的发展也对 3D 打印提出了更高的要求，从而推动了 3D 打印的技术进步与革新。

6.1 3D 打印技术与装备的发展趋势

6.1.1 选区激光熔化（SLM） 3D 打印技术与装备的发展趋势

（1）高效率化

选区激光熔化 3D 打印的金属构件具有精度高、表面粗糙度小、致密度高、综合力学性能好（超过铸件，达到甚至超过锻件）等优点，是 3D 打印技术类型中最适用于金属材料近净成型快速制造的技术手段。然而，为了获得较高的成型精度，现有 SLM 的制造效率相对偏低，影响了生产效率的提高。目前，主流的 SLM 3D 打印机均配备 1 台激光器。随着激光技术的发展和激光器价格的降低，为了在不影响打印精度的前提下提高 SLM 设备的打印效率，开始有配备 2 台、4 台激光器的 SLM 打印机出现。如图 6-1 所示为配备 4 台激光器的 SLM 设备在打印时的状态。与 2 台激光器 SLM 打印机相比，4 台激光器 SLM 打印机的成型效率可提高 90%，堆积效率可达到 $171cm^3/h$。

（2）大型化

考虑到成型效率和设备造价，目前，市场上主流的 SLM 3D 打印机的成型空间相对较小，如德国 EOS 公司的 M280 型、ConceptLaser M2 型打印机的成型空间分别为 250mm×250mm×325mm 和 250mm×250mm×350mm。随着金属 3D 打印技术和航空航天、汽车、高铁等行业领域的深度结合，对大型金属构件的需求开始迅速增长。最初，多采用激光近净成型等 3D 打印技术来制造大型金属构件。但这类技术所打印的构件的尺寸精度和表面粗糙度都不能满足使用需求，必须进行二次机加工。同时，这类技术无法实现一些特殊复杂形状和具有复杂内流道结构件的制造。因此，开发能满足大型结构件打印的SLM 3D打印机成为发展趋势之一。德国的ConceptLaser公司最近就推出了目前世界上成型空间最大的SLM 3D打印机，如图6-2所示。该设备配备了双激光器系统，其成型空间达到800mm×400mm×500mm。需要指出的是大型SLM 3D打印机在研制时并不是简单地把成型空间做大，还要解决成型效率（配备2台或4台激光器，并解决多激光器之间的协调和配合问题）、除烟尘系统（空间大使得去除烟尘的气体流通控制变得复杂）、热应力控制（大型构件热应力分布不均更易开裂）、粉末使用和管理等一系列问题。

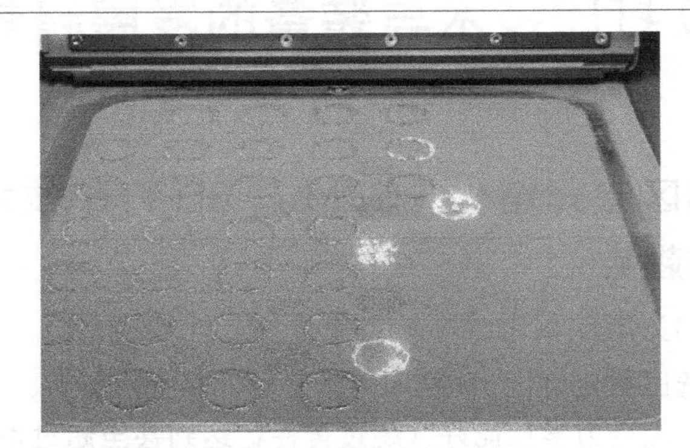

图6-1 配备4台激光器的SLM设备的工作状态

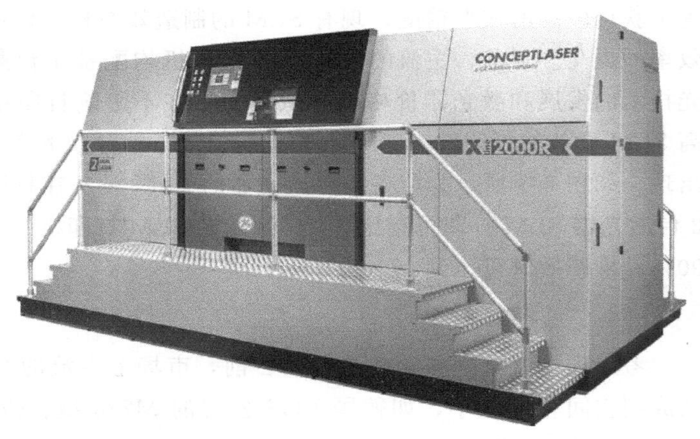

图6-2 目前打印空间尺寸最大的SLM打印机

（3）微型化

当前，微机械和精密仪器领域对具有精度高、表面质量、形状复杂的金属微构件有强烈的需求。传统上一般采用超精密机械加工技术和微细电火花技术等来加工制造金属微构件，但在制造形状复杂的三维微构件上受到了很大程度的限制。对此，研究者提出了微选区激光熔化 3D 打印技术来直接制造金属微构件的新思路。使用 SLM 技术打印尺度微型化的时候，需要对设备、打印工艺和材料都进行必要的改变。如，激光斑点直径要减小到 30μm 以下，所用粉末的粒径不大于 10μm，打印参数需要有针对性地进行优化。如图 6-3 所示为在实验室采用微 SLM 设备 3D 打印的多种不同形状和尺寸的金属微构件。与通常的 SLM 设备相比，微 SLM 打印的构件的尺寸大小可从亚微米到几个毫米，表面粗糙度很低，可小于 1μm，形状和尺寸精度也很高。从测试结果来看，微 SLM 3D 打印技术有望发展成为金属微构件的主流制造技术之一，但仍需在成型效率、微小结构分辨率、材料种类等方面进一步发展。

图 6-3　微 SLM 设备 3D 打印的金属微构件

6.1.2 光固化（SLA）3D 打印技术与装备的发展趋势

（1）高效率化

光固化是最早出现的 3D 打印技术。光固化 3D 打印设备操作简便，打印件精度和表面质量高，表面粗糙度低于 0.05μm，在新产品开发打样、高精度模型等领域具有不可替代的优势。自问世以来，光固化 3D 打印技术一直在不断朝着提高成型效率的方向发展。至今，已发展形成了 SLA、DLP 和 UV-LCD 三代光固化 3D 打印技术。图 6-4 所示为三代光固化 3D 打印技术的原理示意。第一代光固化 SLA 以紫外激光束为光源，通过逐点、逐线的扫描来完成一层的硬化，显然，这种扫描成型方式的精度很高，但成型效率很低。第二代光固化 3D 打印技术 DLP 技术采用数字投影仪一次性将一层的影像投射到光敏树脂中，因此，DLP 去除了逐点和逐线的扫描，而是一层一层地硬化，这使其成型效率比 SLA 大幅度提高，但早期其成型精度有所降低，目前，经过技术改进，高端 DLP 设备的成型精度甚至比 SLA 还要高。第三代 UV-LCD 光固化 3D 打印技术和 DLP 技术一样是一层一层硬化，区别是其使用 LCD 液晶光源，兼具 SLA 和 DLP 的优点，可实现既快速又精确的 3D 打印。

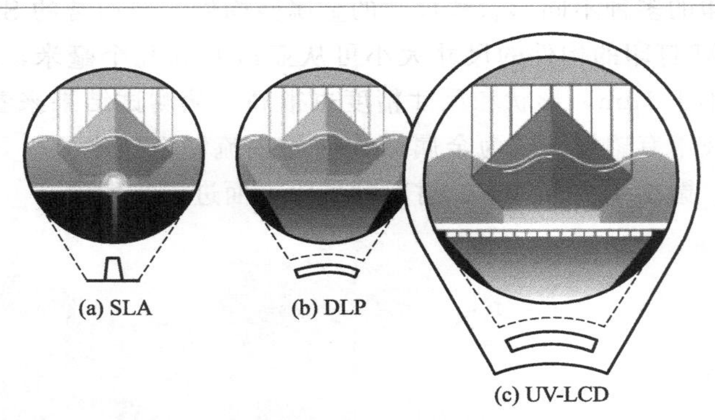

图 6-4 三代光固化 3D 打印技术的原理示意

光固化 3D 打印技术从逐点硬化到整个面层硬化的发展，使其成型效率得到了大幅度提高。然而，DLP 和 UV-LCD 光固化技术每次均为投射三维模型的一个二维切片，由于光固化 3D 打印时为了实现高精度，层厚最低可至 0.005mm，因此，一个大型物体的层数很多，成型效率依然较低。如果能够一次将模型的三维立体图像整体投影到光敏树脂中，并一次性实现整体固化，那么光固化 3D 打印有可能在数秒内完成，将使其成型效率呈数量级的提高。目前，国内外均有不少研究者在从这个角度来对光固化 3D 打印技术进行创新。北京工业大学的研究人员在近期申请了相关的发明专利"3D 立体投影式光固化 3D 打印机"。但目前还没有商业化的设备面世。

2019 年，美国洛杉矶大学伯克利分校和劳伦斯利佛摩国家实验室的研究人员在《Science》杂志上报道了一种革命性的一次性整体成型光固化 3D 打印技术，能在 30～120s 内打印出厘米级的三维物体。该技术被称为立体 3D 打印（volumetric 3D printing)。图 6-5 所示为立体 3D 打印技术的工作原理。研究者首先开发了一种计算轴向光刻（CAL）方法，通过对物体三维模型的重建（包括 2D 的傅里叶变换)，把一组二维图像，从不同的角度投射到特殊配制的光敏树脂中，如图 6-5(a) 所示。这种多角度的叠加激光辐照，能产生足以将辐照范围内的树脂材料固化的能量，从而可以让光敏树脂在很短的时间内固化成所需要的几何形状。为了实现该技术思想，研究人员研制了CAL制造系统，如图6-5(b)所示。在打印时，由一套旋转装置带动盛满光敏树脂的容器不断转动，从而实现如图6-5(a)所示的二维图像的多角度叠加激光辐照效果。图6-5(c)给出了打印时，从0～51s，树脂内部的变化，可以看出，随着时间的增加，打印件（“思想者”模型）逐渐变得清晰，并迅速成型。目前，已经利用该技术测试打印了正方体、横梁、平面、任意角度的支柱、格子和弯曲物体等。但在打印复杂形状和结构物体时，存在持续的激光照射导致树脂固化的问题，需要在后续研发中加以解决。所以科学家下一步就要克服这个难题，打印出更复杂实用的物体。总体来看，立体3D打印可以实现一个三维物体内所有点的同时打印，且不需要支撑，打印速度快、精度高，是光固化3D打印从平面分层打印到立体整体成型的技术飞跃，是光固化3D技术领域的重要技术革命，市场化前景广泛。

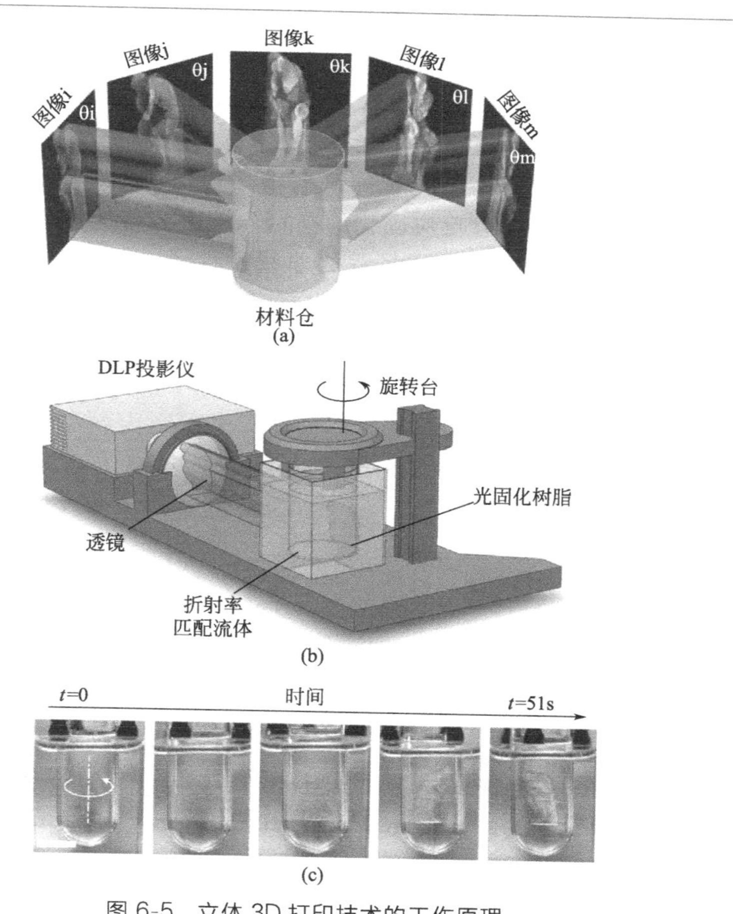

图6-5 立体3D打印技术的工作原理

（2）高精度化

虽然光固化3D打印技术的分辨率很高，能打印出很精细的微结构，但是其精度和分辨率仍有提高的空间。众所周知，光固化3D打印的成型原理是光敏树脂在紫外光辐照下发生聚合反应而固化。显然，光固化的成型分辨率受经典光学衍射极限的限制。因此，要进一步提高光固化3D打印的成型精度和分辨率，必须从激光和树脂的相互作用入手。目前的SLA、DLP和UV-LCD光固化3D打印机均基于紫外激光的单光子聚合反应固化。图6-6给出了单光子在光敏树脂中的吸收和固化情况，可以看出，由于每个照射树脂的光子都有可能启动聚合过程，因此，固化不仅仅发生在激光束的焦点处，在焦点附近的树脂也会发生聚合反应而固化。这就影响了光固化3D打印的空间分辨率的提高。为了消除单光子聚合反应的上述缺点，一种被称为双光子聚合反应（2PP）的新型激光辐照和固化技术被引入光固化3D打印中。从图6-6可以看出，双光子吸收使用两个激光脉冲，并聚焦在空间的同一点上。在双光子聚合中，只有在两个激光脉冲的交叉点处才能有足够的能量来启动聚合反应。这与普通光固化中只需一个光子即可启动聚合反应截然不同。从图6-6可以看出，双光子聚合反应固化的空间分辨率显著优于单光子聚合。理论上，由于双光子聚合反应过程的非线性性质，可实现约0.1μm的分辨率，比普通的光固化3D打印技术有大幅度提高，可实现纳米和亚微米结构的打印成型。

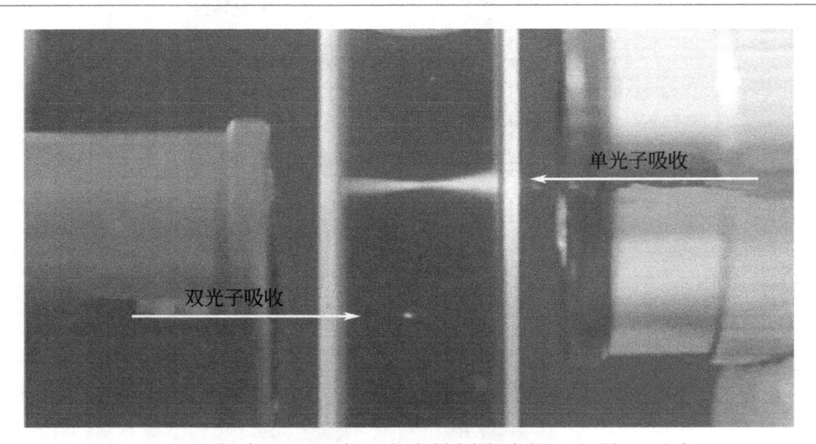

图6-6 单光子和双光子在光敏树脂中的固化效果对比

如图6-7所示为利用双光子聚合反应光固化3D打印技术制造的微细结构样品。目前，基于双光子聚合反应的光固化3D打印技术尚处于实验室研究阶段。但由于该技术在制造高空间分辨率和复杂形状微细构件上的优势，其在微机电系统、人体组织工程等领域具有重要的应用前景。

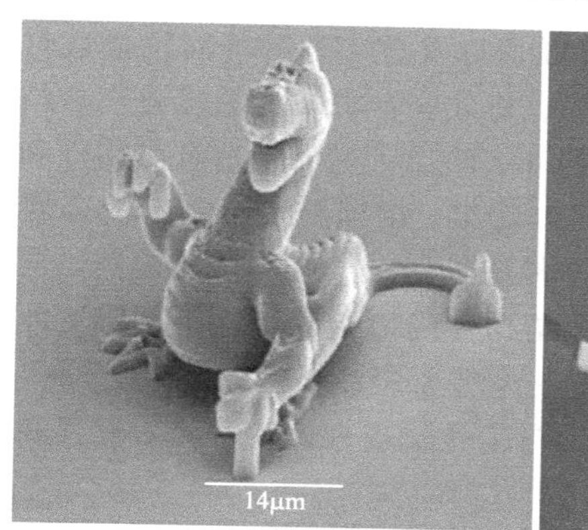

图 6-7 利用双光子聚合反应光固化 3D 打印技术制造的微细结构样品

6.1.3 金属增材制造与传统制造技术的复合

金属增材制造和传统的减材制造、等材制造各有优缺点，三者之间并不是对立的，而是可以相辅相成的。随着增材制造技术的发展，将金属增材制造技术与传统的机加工减材制造技术、锻压等材制造技术相结合，成为解决金属增材制造技术缺点，提高增材制造金属构件性能的有效途径。

（1）金属增减材复合加工制造技术的发展

目前，增材制造的金属构件的精度和表面质量与传统机加工制造的金属构件相比，还有不小的差距。在某些应用领域，如金属模具的型面，要求精度高、表面粗糙度低，即使是激光选区熔化 3D 打印技术也达不到要求。于是人们想到可以对增材制造的金属构件进行二次机加工，来获得精度和表面粗糙度达到标准的金属构件。这一技术路线已经在激光近净成型、电弧熔丝增材制造等 3D 打印技术中实现了成功应用，但仅限于形状比较简单的成型构件的加工。而激光选区熔化 3D 打印的金属构件更接近净成型且形状一般更复杂，难以进行后续的二次机加工。特别是具有内部流道的构件，更是无法采用机加工手段对内部的结构进行二次加工。如上所述的二次机加工均是对已经增材制造完成的金属构件来实施的，即增材制造和二次机加工是两个割裂的加工阶段。那么，能否把机加工工艺引入增材制造过程中，使二者有机地结合在一起呢？这一思路就是金属增减材复合加工制造的出发点。理论上，可以将传统机加工中的钻、铣、磨、抛等工艺引入金属增材制造成型过程中，在增材制造过程中，根据需求，在不同的阶段以及打印件的不同位置适时实施减材加工。通过增材和减材加工的有机结合，将二者的优势充分结合起来，从而实现增减材复合制造。图 6-8 给出了增材制造金属构件和增减材复合制造金属构件的对比图，可以看出，增减材复合制造的金属构件的表面光洁，精度和粗糙度均可与传统机加工金属构件相媲美，同时，又保持了增材制造可以获得精细微结构和内部空腔结构的优势。此外，需要指出的是，增减材复合制造是一个非常复杂的系统工程，需要集成材料成型、质量检测与反馈、传感与信号处理、控制系统、过程和控制软件等多学科、多专业领域技术。

图 6-8 增材制造和增减材复合制造效果对比

(2) 金属增材制造与微锻一体化技术的发展

金属增材制造可以看成是一个无约束微铸和微焊组成的成型过程。这一特性使得金属增材制造构件中难以避免地会存在孔隙、微裂纹、微变形、不均匀组织等缺陷，并且后续施加的表面喷砂处理、热处理、热等静压处理等不能完全去除以上缺陷。因此，金属增材制造构件的力学性能虽然一般能超过相同成分的铸件性能，但与同成分锻件的力学性能，特别是疲劳寿命等方面仍然有很大的差距。这一状况制约了金属增材制造构件在对可靠性要求较高的领域，如航空领域的实际应用。为了解决金属增材制造的上述缺陷，将传统制造技术中的锻压技术引入金属增材制造工艺中，是一个可行的选择，但在具体实施上却有很大的难度。我国华中科技大学的张海鸥教授团队在这方面做出了突出贡献，创造性地将金属3D打印微铸、微锻压技术合二为一，研制成功了“铸锻铣一体化”金属3D打印技术和成套设备（图6-9），实现了微型“边打印边锻压技术”，大幅提高了打印件的强度和韧性，确保了构件的疲劳寿命和可靠性，并省去了传统巨型锻压机的成本。目前，由该技术打印出的高性能金属构件包括飞机用钛合金构件、海洋深潜器、核电用钢构件等，最大已达到2.2米长，约260千克重。

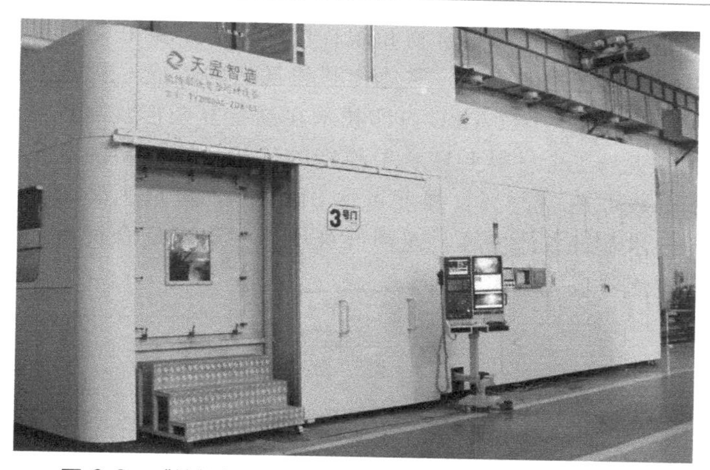

图6-9 “铸锻铣一体化”金属3D打印技术和成套设备

6.1.4 纤维增强树脂基复合材料3D打印技术与装备的发展

纤维增强树脂基复合材料具有强度高、模量高、重量轻、耐热性好等优点，在飞机结构的轻量化等方面具有重要的应用。传统的纤维增强树脂基复合材料的制造过程包括纤维预浸料的制备和将预浸料加工成制品。传统加工工艺过程复杂、周期长、成本高，且成型困难。树脂材料可以通过光固化和FDM 3D打印技术来打印成型。但树脂材料的力学性能等难以满足轻量化结构件的使用要求。一般需要添加增强相来改善其力学性能。现有研究表明，在光固化树脂和FDM用塑料丝材里添加短纤维增强材料是比较容易实现的。但对力学性能提高作用最大的连续纤维增强树脂基材料，特别是高纤维含量树脂基材料的3D打印成型则面临着很大的困难，急需在打印技术和设备等方面取得突破。

最近，美国特拉华大学的研究者开发了一种可用于高纤维含量连续纤维增强树脂基材料3D打印成型的新技术方法，称为局部平面内热辅助(localized in-plane thermal assisted，LITA）3D打印技术。LITA 3D打印原理如图6-10所示。由图6-10可见，一个圆棒形加热器与干燥的碳纤维相接触，从而形成沿纤维分布的温度梯度，并导致液态聚合物的黏度从纤维上的低温区到高温区逐渐降低。黏度的降低会引起聚合物的表面能、接触角等物理性质发生变化。在毛细管效应的作用下，液态聚合物会流动并进入相邻碳纤维之间的管状空间，如图6-10(b）所示。动态的毛细作用使得液态聚合物和碳纤维间具备了良好的润湿性并能密实渗透填满碳纤维间的空隙，避免孔洞和气泡的形成，从而大幅度提高复合材料的致密度。LITA 3D打印技术在制备复杂形状高纤维含量连续纤维增强树脂基复合材料上显示了独特的优势，所打印的复合材料的碳纤维体积分数可达58.6%，强度可达810MPa，模量达到108GPa。随着3D打印技术和设备的发展，连续纤维增强树脂基复合材料的快速制造和大规模应用将成为现实。

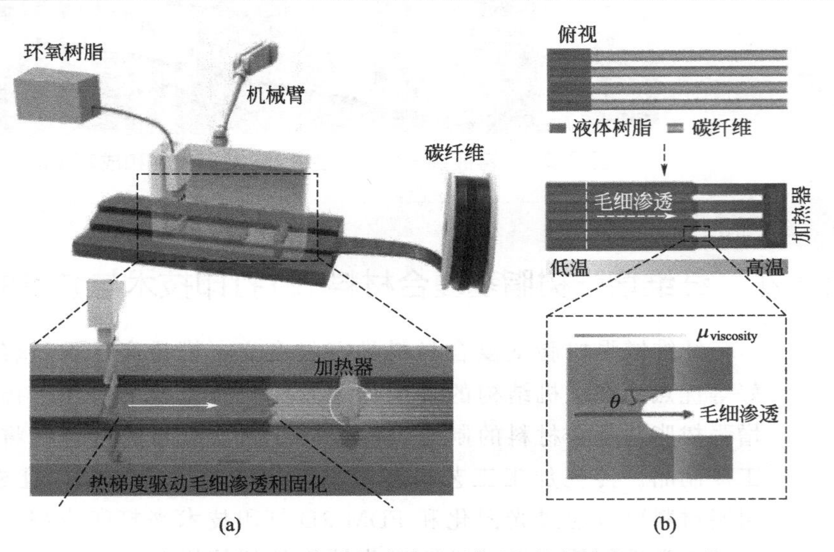

图6-10 局部平面内热辅助（LITA）3D打印技术原理示意

6.1.5 新型金属增材制造 3D 打印技术与装备的发展

(1) 超高效率金属增材制造技术的发展

目前，主流的金属增材制造技术的效率仍然偏低，如激光选区熔化 3D 打印技术的堆积效率一般只有 2 千克/天左右；电弧熔丝增材制造技术的堆积效率相对较高，可达到 10 千克/天左右，但其成型精度差，需要进行后续二次机加工。为了促进金属增材制造技术的大规模应用，必须大幅度提高其成型效率。虽然增加激光器数量可以在一定程度上提高激光选区熔化 3D 打印的堆积效率，但该方法并未从本质上提高成型效率，且带来了设备成本增加的不利影响。因此，研发具有超高成型效率的金属增材制造技术和设备是金属 3D 打印领域的重要发展方向之一。

自 2014 年以来，澳大利亚金属 3D 打印机制造商 Aurora Labs 一直在开发一种新的金属 3D 打印技术，多层并行打印（MCP，multilevel concurrent printing），以使金属 3D 打印速度更快，其目标是实现以每天 1 吨金属的堆积效率来打印金属零部件。Aurora 实验室在 2018 年 Formnext 大会上首次推出了 MCP 技术和设备。MCP 基于传统的粉末床激光选区熔化成型技术，但与传统的粉末床技术一次打印一层粉末不同，MCP 在一次扫描中可以同时打印多个粉末层。那么这项技术是如何工作的呢？图 6-11 所示为多层并行打印（MCP）的技术原理示意。可以看出，该技术的两个关键之处是：一个栅格状的铺粉装置和多条激光束。当打印开始时，配备多个漏斗（装满粉末）的铺粉装置在打印床上移动，每个漏斗可在一个通道中沉积不同的粉末层。当沉积一层时，它会被激光熔化，然后通过铺粉装置中的特殊间隙在不影响其他通道的前提下，沉积新的一层粉末。接着，新铺的一层粉末被激光熔化。这样循环往复，实现连续沉积和熔化。可以看出，该技术可以同时在不同的通道内沉积多层粉末，并且在铺粉过程中，每个单独的粉末漏斗后面都有一个区域可以进行打印，这意味着可以在这些多个操作面上同时进行打印（多级并行打印）。因此，通过使用多个栅格，MCP 打印可以比传统的 3D 打印过程快得多。根据 Aurora 实验室的报告，采用 MCP 技术的 3D 打印机的打印速度已经达到了 350 千克/天，远远超过其他金属增材制造技术。目前，Aurora 实验室正在推进该技术的进一步改进，以实现 1 吨/天的打印速度。如能实现该目标，那么金属增材制造将能在时间和成本方面与传统制造工艺相媲美。

落粉
当粉床被第1层粉末覆盖时，粉末铺平装置随之降低
激光扫描第1、3和4层表面
每层增加设定的厚度

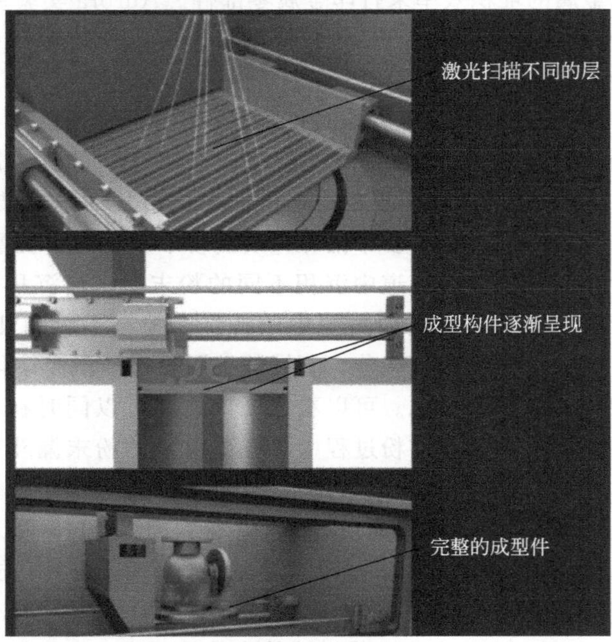
激光扫描不同的层
成型构件逐渐呈现
完整的成型件

图 6-11 多层并行打印（MCP）技术原理示意

(2) 基于搅拌摩擦焊的新型金属3D打印技术的发展

开发基于新概念、新原理的金属增材制造3D打印技术是非常有创造性和吸引力的。目前，主流的金属增材制造技术都需要将金属原料熔化以实现冶金结合。最近，美国MELD公司开发了一种基于搅拌摩擦焊的新型金属3D打印技术。图6-12所示为基于搅拌摩擦焊的金属3D打印技术原理示意。可以看出，该技术采用金属粉末或金属丝为原料，将原料通过一个中空的旋转腔体，然后通过压力和摩擦使金属升温变形，之后通过搅拌使金属材料融合到它下面的材料中。该技术是一种固态工艺，金属材料在整个过程中并不熔化。此外，该技术能制造出完全致密的零件，因而不需要后续的热等静压处理。另外，该3D打印机可以在空气中进行打印，可以自由地创建更大的部件。该技术的局限性在于难以制造悬垂结构。从工作原理上来看，基于搅拌摩擦焊的金属3D打印技术可以方便地实现不同材料的层状结合，因此，比较适合于制造层状金属复合材料，有望成为制造多材料层状复合材料构件的新技术。

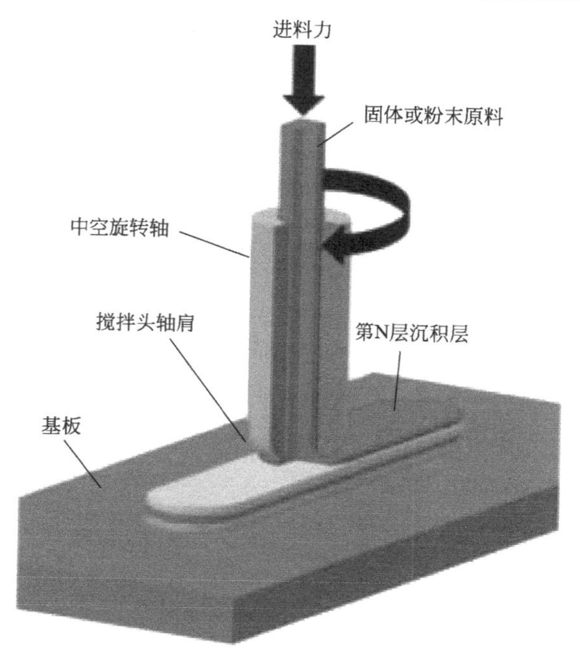

图6-12 基于搅拌摩擦焊的金属3D技术原理示意

6.2 3D打印材料的发展趋势

6.2.1 光固化光敏树脂的发展

光敏树脂是光固化3D打印技术所使用的原材料。虽然光固化3D打印技术发展时间较长，市场应用也较广泛，但可用于光固化3D打印的光敏树脂的种类并不丰富，光敏树脂的性能也不能满足当前的使用需求，例如，如何进一步提高光敏树脂的强度、环境耐候性，如何提高光敏树脂的生物相容性，如何使光敏树脂具有导电性和磁性等。因此，增加光敏树脂的多样性和功能性是光固化光敏树脂的重要发展趋势。光敏树脂的发展主要受限于其所涉及的光化学过程。大量研究表明，在树脂中添加具有不同性质的微纳米颗粒组成复合材料，可以有效改善光敏树脂的机械、物理、生物性能等，从而扩大光固化3D打印的应用范围。图6-13所示为将氧化铝粉末和光敏树脂复合在一起，打印的氧化铝陶瓷样件，经过后续烧结处理，其致密度可达90%以上。该技术有望发展成为陶瓷材料复杂结构零部件的先进制造技术之一。此外，经过对光敏树脂的复合改性，可赋予其新的功能特性。图6-14所示为利用具有形状记忆效应的光敏树脂实现了4D打印。可见，将光敏树脂材料的创新和打印设备与工艺的创新有机结合起来，有望使光固化3D打印技术具有更强的生命力。

图6-13 利用光固化+烧结制造的氧化铝陶瓷样件

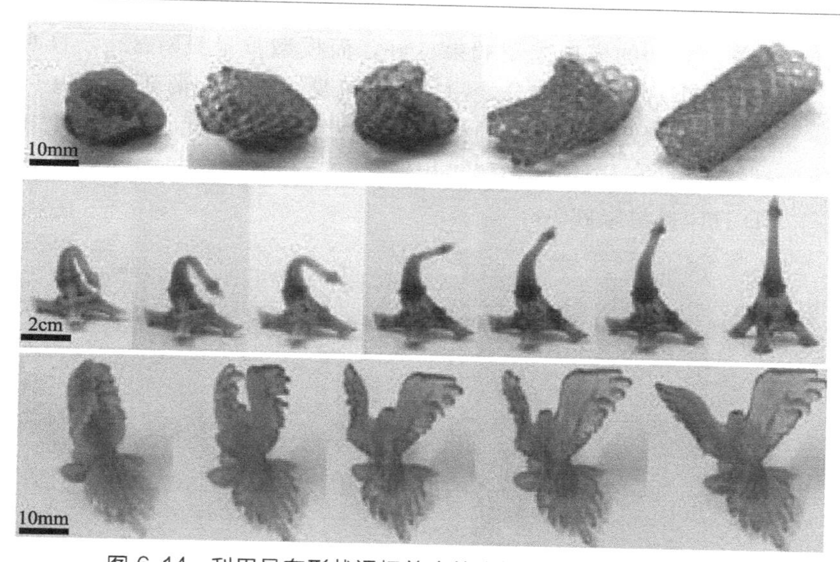

图 6-14 利用具有形状记忆效应的光敏树脂可实现 4D 打印

6.2.2 FDM 3D 打印用新材料的发展

熔融沉积成型（FDM）3D 打印机是成本最低、最常见的打印设备。FDM 3D 打印机可用的耗材包括各种热塑性塑料细丝等。近年来，FDM 耗材的发展也是日新月异，通过在塑料中添加各种填充材料可形成仿木、仿金属耗材，或者使塑料耗材具备导电性、磁性等。聚乳酸（PLA）是 FDM 3D 打印机最常使用的环保耗材。PLA 材料非常适合于 FDM 打印工艺，在打印时基板可以不预热或预热至 50～70℃，与之相比，ABS 耗材在打印时基板需预热至 100～120℃。此外，PLA 在打印时收缩率很低，打印件不易开裂或起翘。鉴于 PLA 材料优异的 3D 打印可成型性，以其为基材进行创新具有很好的市场前景。

3D 打印耗材公司 Colorfab 最近将活性发泡技术引入 PLA 耗材中，开发出了基于发泡技术的新型轻量化 PLA 打印耗材。在 230℃左右，这种材料将开始发泡，体积将增加近 3 倍。如图 6-15 所示为采用普通 PLA 和活性发泡 PLA 打印相同的模型的重量对比。在实验中，首先使用普通 PLA 耗材打印模型，打印时的材料填充率设为 50%，如图 6-15 可见，所打印的模型的重量为 98g。然后按同样的填充率，使用活性发泡 PLA 耗材来打印同样的模型，为了最大限度地发挥活性发泡效果，采用了较高的打印温度（255℃），并将材料流速降低到35%，从图6-15中可见，最终所打印的模型成型效果良好，而模型重量只有32g，只有普通PLA耗材打印件重量的三分之一。由此可见，新开发的活性发泡PLA耗材可以打印出轻巧、低密度的构件。活性发泡PLA耗材是FDM 3D打印用新材料研发的一个很好案例。相信在未来会有越来越多的新材料加入FDM 3D打印耗材家族。

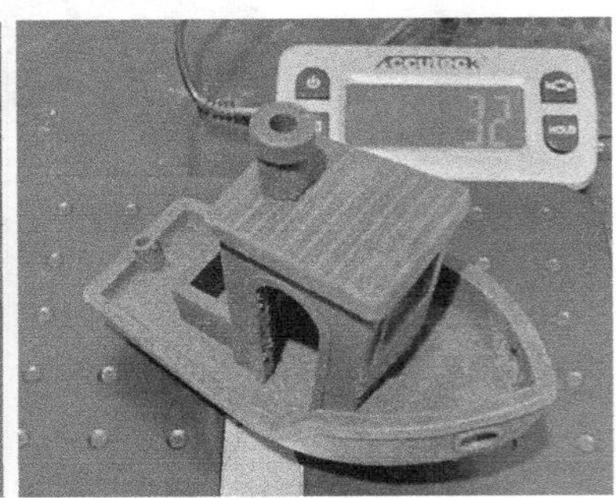

图6-15 普通PLA和活性发泡PLA打印件的重量对比

6.2.3 3D打印专用金属粉末的开发

基于粉末床和送粉工艺的3D打印技术均为金属增材制造的主流技术。这些3D打印技术所使用的原材料通常为金属粉末（需具有高球形度、超低氧含量、粒径及分布符合要求等），其技术含量和产品附加值高。目前，3D打印专用金属粉末大都由打印设备商配套提供。近几年来，随着国内外金属3D打印产业的发展，开始涌现出不少专业从事3D打印用金属粉末研发和生产的公司。

目前，国内外金属3D打印产业的发展都受到了原材料的制约，主要问题如下：

① 可用的材料种类偏少 经过充分验证可商业化供应的专用金属粉末的种类只有几十种，和传统制造业可供选用的金属材料牌号达几千种相比，差距很大，不能充分满足3D打印使用需求。

② 尚未形成3D打印专用合金体系 目前应用的金属粉末均参照传统标准合金成分制备，急需针对3D打印的工艺特点，在传统铸造合金和变形合金之外，发展3D打印专用合金体系。

③ 材料价格较高 高价格限制了3D打印的应用领域，例如，普通不锈钢的价格目前每千克只有几十元，而3D打印用不锈钢粉末售价每千

克可高达上千元。

④ 尚未建立行业统一的质量标准体系 不同企业间及产品批次间粉末材料的质量稳定性较差，导致打印构件难以保证结构和性能的一致性。

针对上述现状，在《国家增材制造产业发展推进计划》中，着重提出把发展3D打印专用材料作为推动我国3D打印产业发展的基础和关键。因此，围绕上述3D打印专用金属粉末所存在的主要问题，开展有针对性的研发，是金属3D打印专用金属粉末材料的发展方向。

（1）3D打印专用新金属粉末材料的开发

目前，经过充分验证可商业化供应的3D打印专用金属粉末见表6-1。

表6-1 3D打印专用金属粉末

种类	材料
铝基合金	AlSi10Mg、AlSi7Mg0.6、AlSi9Cu3
镍基合金	HX、IN625、IN718、IN939
钛基合金	TC4、TA15、CP-Ti
钴基合金	CoCr28Mo6、CoCrWMo(牙科专用)
铁基合金	316L、17-4PH、15-5PH、H13、Invar36、M300(1.2709工具钢)
铜基合金	CuSn10、CuNi2SiCr

以上合金粉末经过充分的实验验证，3D打印可成型性优异，可在国内外主流3D打印机上顺利打印。这些材料的成分、结构、热处理工艺、力学性能等基础数据全面，均已实现商业化生产和使用，在优化工艺条件下，打印件的力学性能稳定、重复性好。

除了上述商业化的合金粉末之外，国内外的高校和科研院所、公司等也还开发了许多3D打印用金属粉末，但大都处于实验室研究级别应用，或者在公司内部使用，并没有面向市场进行规模化的量产应用。这些合金中，相对比较成熟的主要有：TiAl合金粉末（主要是GE公司用于电子束增材制造TiAl合金涡轮叶片）、7075高强铝合金粉末（以国内外高校科研应用为主）、金和银等贵金属粉末（少数从事贵金属首饰打印的公司应用）。

笔者近年来专注于开发3D打印用新型金属粉末的设计与制造研究，先后研发了TiAl合金粉末、Ti_2AlNb基合金粉末、改性钛合金粉末、块体非晶合金粉末、FeSiB合金粉末等多种3D打印用新型金属粉末。经过打印工艺优化，上述合金粉末的SLM可成型性良好。近来，针对高熵合金的发展，笔者又研发了多种高熵合金粉末。由于大多数高熵合金呈现硬而脆的性能，其SLM可打印性能不佳。经过合金成分优化设计，在

FeCoNi 基高熵合金体系中，筛选出了几个强韧性俱佳，SLM 可打印性优异的成分。如图 6-16 所示为笔者制备的一种高熵合金粉末的形貌及其 SLM 3D 打印样件。可以看出，所制备的高熵合金粉末球形度高、卫星球少，打印件表面质量高，呈现金属光泽，无开裂和翘曲。经过测试，该高熵合金的拉伸强度可达到1000MPa以上，延伸率超过 10%。上述研究说明，在高熵合金体系中，存在力学性能和 3D 打印成型性能俱佳的成分体系。随着研发的深入，3D 打印用高熵合金粉末的家族会越来越庞大。

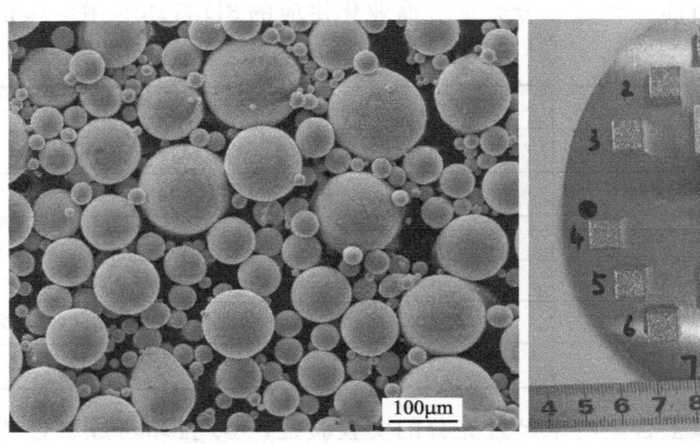

图 6-16 笔者制备的一种高熵合金粉末形貌及其 SLM 3D 打印样件

以上介绍的金属粉末大多是针对在结构部件上的应用来开发的。除此之外，金属的功能特性的应用也是非常受关注的。在导电、磁性等功能特性之外，具有形状记忆效应的合金粉末的开发及 3D 打印也开始受到人们的重视。如图 6-17 所示是一种铜基形状记忆合金粉末，经优化 SLM 3D 打印工艺后，成功打印了弹簧样品。经测试，打印的弹簧在变形后，经过加热，可以恢复到其初始形状，表现出了良好的形状记忆效应。类似的 3D 打印形状记忆效应在 NiTi 合金上也成功实现，如图 6-18 所示。可以预见，随着 3D 打印用新金属粉末的开发，越来越多的功能将在 3D 打印金属部件中实现。

(2) 3D 打印专用合金体系的研发

一般来讲，合金成分与其加工工艺相匹配更有利于获得高性能构件。例如，在高温合金领域，针对铸造和变形工艺，分别发展了铸造合金和变形合金体系。由于开发一个全新的合金成分体系的研发工作量和成本都很高昂，因此，以现有合金牌号成分为基础，针对 3D 打印工艺的特

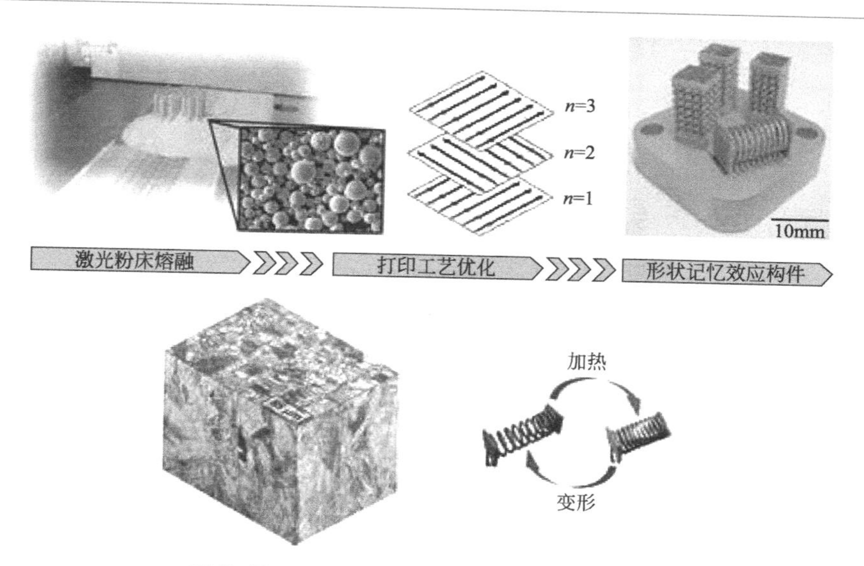

图 6-17 铜基形状记忆合金的 SLM 3D 打印

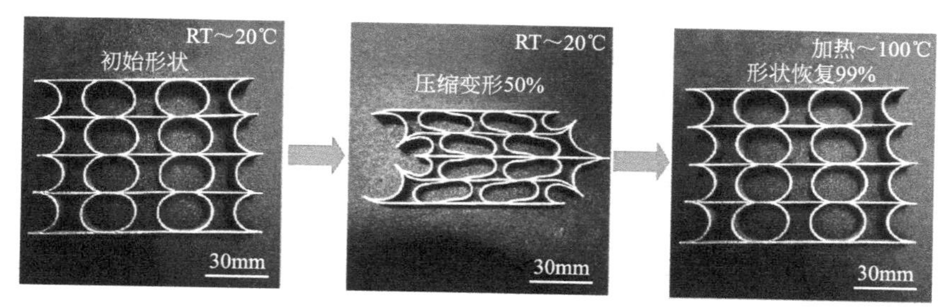

图 6-18 SLM 3D 打印 NiTi 合金的形状记忆效应

性，通过添加稀土元素、过渡族金属元素以及有特殊作用的其他金属元素等，对基础合金进行微合金化改性，有望在 3D 打印专用合金成分体系的开发上发挥重要作用。如图 6-19 所示为针对 Ti-6Al-4V 合金的微合金化改性结果，可见，采用稀土元素和硼元素微合金化显著提高了标准 Ti-6Al-4V 合金的强度和塑性。此外，研究结果还显示微合金化还可使其氧化速率降低 3 倍以上，显著提高了 TC4 钛合金的抗氧化性能。在 3D 打印中，合金具有更高的强度和韧性，可抵抗热应力引起的开裂；而优异的抗氧化性能，也有益于增强其可焊性，强化层间的冶金结合。显然，使用这类经微合金化改性的 TC4 钛合金粉末，有利于增强其 3D 打印可成型性，并将对成型构件性能的提高起到积极作用。

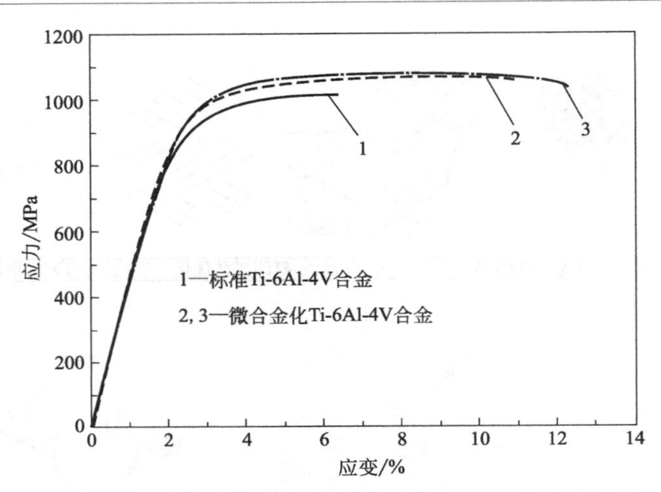

图 6-19 微合金化对 Ti-6Al-4V 合金力学性能的改性作用

(3) 低成本 3D 打印专用细粒径球形金属粉末的研发

目前，制约 3D 打印技术广泛应用的一个瓶颈问题是其成本高。例如，在模具领域，根据测算，采用 3D 打印的金属模具的成本大约是传统方法制造模具的 10～20 倍。因此，虽然 3D 打印制造模具在制作周期上有优势，但高昂的价格使其难以被市场接受。从成本构成上来分析，一方面 3D 打印的工艺成本仍然较高；另一方面，原料粉末的成本也非常高。由此可见，为了促进 3D 打印技术的行业应用，一方面需要不断降低打印设备的价格和打印效率；另一方面，需要大幅度降低原料金属粉末的价格。

开发低成本细粒径球形粉末是当前 3D 打印用金属粉末材料的重要发展方向之一。目前，3D 打印用金属粉末材料中，价格最高的是 SLM 3D 打印用的细粒径球形粉末，其粒径范围一般在 10～50μm。这类粉末价格高的原因主要在于以下几点：

① 生产批量小，导致生产成本高。相信随着 3D 打印市场需求的增长，相应的粉末生产线的生产能力和批量都将迅速增长，从而使得成本降低。

② 细粒径粉末的收得率低，导致生产成本高。目前，制造细粒径球形粉末的主要技术手段为气体雾化制粉。该方法制备的粉末的粒径分布范围为 10～200μm，其中，根据合金成分、制备技术的不同，10～50μm 粉末的占比 5%～60%不等。例如，钛合金粉末一般需采用基于无坩埚电极感应熔炼的气体雾化法制备，其中 10～50μm 粉末的占比一般在 30%

左右。

基于气体雾化法的细粒径球形粉末制备技术的低成本化，一方面是从雾化喷嘴的结构优化与创新上入手，其出发点是强化雾化气体对熔体液流的击打破碎能力，从而增加细粒径粉末的收得率；另一方面，针对气体雾化中成本最高的消耗品——雾化气体，可建立气体循环利用系统，减少雾化气体的消耗，从而降低粉末的制备成本。

此外，还可针对具体的金属粉末材料，开发新型的低成本制造技术。例如3D打印用钛粉，在航空航天、生物医疗3D打印领域均有重要应用。但气体雾化法制备钛粉的成本较高，短期内也无法大幅度降低其制造成本。钛很容易和氢结合形成氢化钛粉。因而，通过氢化-脱氢法可以低成本地制备钛粉。但是，这样得到的钛粉的形貌通常是无规则的，流动性差，不适用于基于粉末床或送粉工艺的3D打印技术。如果能将低成本的氢化-脱氢钛粉进行球化改性处理，增强其球形度和流动性，那么就可以大幅度降低3D打印用钛粉的成本。

最近，北京科技大学和中南大学的科研人员联合发展了一种基于流化床的低成本不规则钛粉球化处理技术。该技术的原理和处理效果如图6-18所示。该技术的原料为低成本的形状不规则的氢化-脱氢钛粉。在处理过程中，由下往上吹送的氩气将置于流化床上的原料钛粉吹起并呈悬浮翻腾状态，此时，利用加热装置将流化反应器的温度加热到450℃，通过钛粉颗粒间持续性地碰撞和摩擦，达到对钛粉整形球化的目的，从而改善粉末球形度，获得流动性好的钛粉。如图6-20所示，在球化处理前，钛粉呈不规则状，尖角很多，易团聚在一起，流动性很差。经过球化处理后，钛粉颗粒的尖角大部分都消除了，粉末颗粒的球形度也显著提高，粉末流动性指标达到（35.2±0.3）s/50g。该方法具有成本低、设备和工艺简单、效率高、杂质含量可控、粉末流动性改善效果明显等优点，有望发展成为低成本3D打印用钛粉的主要制造技术。

（4）3D打印金属粉末生产和应用标准的建立

3D打印是一类相对较新的制造技术，并且由于其技术工艺所具有的一些特殊属性，使得3D打印材料和工艺与打印件的结构和性能之间呈现出比较紧密的相关性。此外，3D打印材料由液态、粉末、细丝状等细微、离散的材料单元组成，而数量庞大的材料单元之间在成分、粒径、形貌等方面的细微差异都可能导致其可打印性和打印件的性能产生较大的差别。目前，不同企业间及产品批次间3D打印材料的质量稳定性较差，导致打印构件难以保证结构和性能的一致性。因此，建立3D打印技术的质量标准体系，以促进3D打印技术的工业化应用和发展，是非常必要和迫切的。

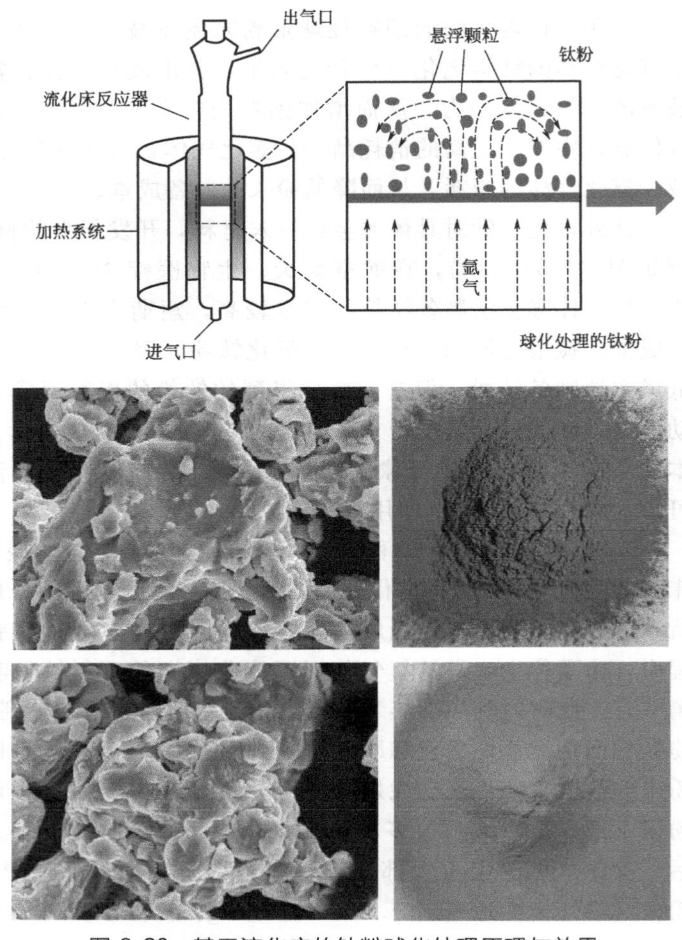

图 6-20 基于流化床的钛粉球化处理原理与效果

ASTM 国际组织在 2009 年专门成立了增材制造技术委员会来负责增材制造领域的标准制定。ASTM 和 ISO 合作制定的增材制造技术的标准框架如图 6-21 所示，主要包括增材制造的一般性标准（测试方法、安全性等）、原材料的标准（金属粉末、塑料丝等）、增材制造工艺与设备的标准（粉末床熔融、材料挤出等技术与设备）、增材制造最终构件的标准（后处理工艺、结构与性能等）、特殊应用标准（航空航天、医疗等领域应用的标准）5 个部分。迄今，ASTM 已制定和发布了多个增材制造技术的标准，比较重要的有：

① 增材制造技术的标准术语（F2792）；

② ISO/ASTM 52900-AM 术语-一般原则-术语；
③ Ti-6Al-4V 粉床熔化增材制造的标准规范（F2924）；
④ ISO/ASTM 52901-增材制造-一般原则-采购 AM 零件的要求；
⑤ ISO/ASTM 52910-AM 设计准则（ISO/ASTM 52910）；
⑥ 增材制造用金属粉末的性能表征规范（F3049）。

目前，ASTM 有关增材制造技术的标准正在不断丰富和完善。

我国也正在着手建立增材制造技术的标准体系。此外，也有不少大的企业，如航空航天企业已经建立了不少相关的企业标准，例如，针对3D 打印金属粉末，企业从合金化学成分、粒径大小和分布、松装密度、流动性、球形度、氧含量等多个指标上来对粉末进行限定，以保证粉末、工艺和打印件的匹配，从而保证打印件质量的一致性和可靠性。

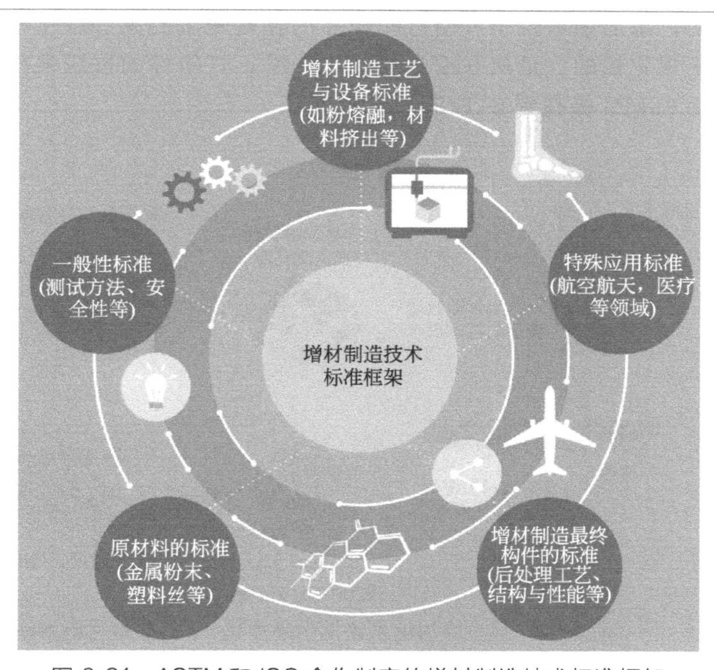

图 6-21　ASTM 和 ISO 合作制定的增材制造技术标准框架

6.3 提高 3D 打印件品质的研发趋势

3D 打印件的品质与原材料和打印技术工艺密切相关。相比传统的减材加工，3D 打印的生产流程短，原材料对打印件质量的影响更加明显。

因此，要提高3D打印件的品质，可以分别从原材料或设备、技术工艺入手，或者将二者有机结合起来考虑。

（1）从原材料入手提高3D打印件的品质

如第4章所述，3D打印陶瓷制品的典型缺陷是其致密度不高，相应地，其强度等力学性能指标也偏低。这是因为为了能够进行3D打印，在陶瓷材料里加入了大量聚合物黏合剂。为了提高3D打印陶瓷制品致密度，有研究者在氧化铝中添加了一定数量的纳米氧化铝（平均粒径50nm），这些纳米粒子填充了较大陶瓷颗粒（平均粒径40μm）之间的空隙，降低了样品的孔隙率，不仅提高了黏合剂喷射成型3D打印坯体的致密度，也提高了烧结后最终制品的致密度。如图6-22所示，CT扫描结果显示添加了纳米氧化铝粒子的打印件的孔隙率大大降低。测试结果表明，添加纳米粒子可使打印样品的相对密度提高30%左右。此外，当纳米氧化铝的含量从0%增加到15%时，打印件的抗压强度提高了743%，由76kPa提高到641kPa。

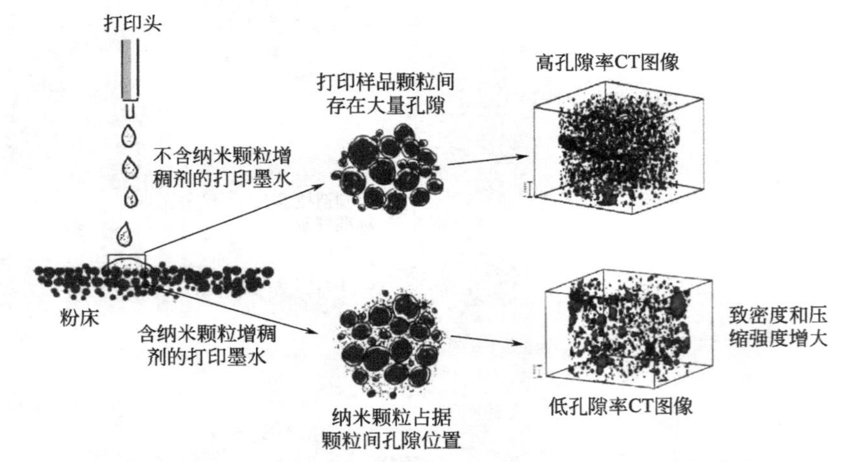

图6-22 通过添加纳米氧化铝来提高3D打印氧化铝陶瓷的致密度

有研究者开展了在不添加黏结相的条件下利用激光选区烧结（SLS）法打印制备多孔陶瓷零件的可能性。受陶瓷材料的高熔点、氧化物陶瓷对激光的低吸收率和SLS设备的激光功率较低的限制，如果不使用聚合物黏合剂，采用SLS技术难以实现陶瓷材料的3D打印。对此，研究者提出了一种通过在石英粉中添加一定量的碳粉，增强对激光的吸收率，促进粉末间的结合的新思路，如图6-23所示。经过实验验证，证明该思路是可行的。这一结果也充分说明了从原材料入手，通过对打印材料的改性，来提高材料的3D打印可成型性和打印件的性能是一种切实可行的方案。

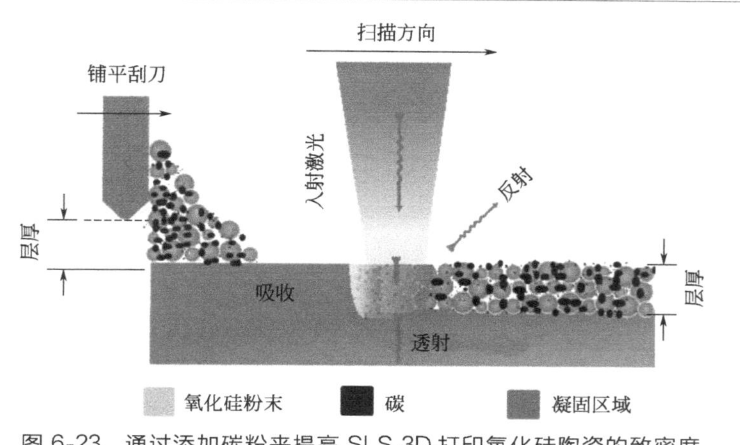

图 6-23 通过添加碳粉来提高 SLS 3D 打印氧化硅陶瓷的致密度

（2）从设备和技术工艺入手提高3D打印件的品质

对现有的成熟的3D打印技术工艺进行改进，使其具备新的功能或改善打印件的品质也是非常有价值的。

最近，哈佛大学对直写成型设备进行了改进，研发出利用激光辅助直写成型的3D打印技术，如图6-24所示。该技术的创新之处在于将直写成型技术与聚焦激光退火技术结合在一起，可以通过激光对已打印成型的部分进行原位实时的在线退火处理，从而打印的金属的导电率大幅度提高。该技术相比于其他的3D打印技术具有三大优势：可以在半空中精确制造出符合力学性能要求的复杂形状构件；可以应用在低成本的塑料表面上；打印出的银材料具有接近于块体银的高电导率。从图中可以看出，该技术可打印三维立体的银微结构，有望实现三维电路和结构件的三维整体制造，将会在柔性电子器件、显示器、传感器等领域获得重大应用。

（3）改善高激光反射率金属3D打印件品质的技术途径

基于粉末床铺粉工艺的激光选区熔化3D打印技术具有精度高、表面粗糙度低、材料适用范围大等优势，是金属3D打印的主流技术之一。目前，主流的激光选区熔化设备所配备的均为红外波段的光纤激光器。但在实践中，却发现，有些金属对红外波段激光的反射率特别高，图6-25给出了几种纯金属对不同波长激光的反射率，从中可以看出，纯金对红

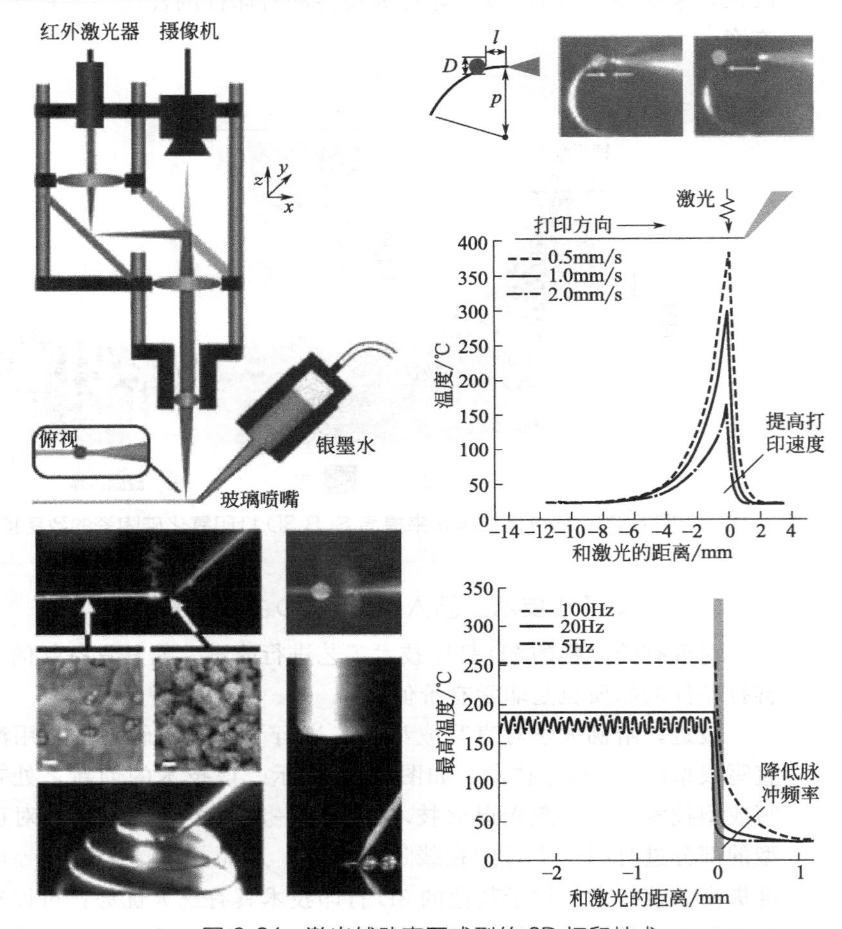

图 6-24 激光辅助直写成型的 3D 打印技术

外波段（1064nm）激光几乎不吸收，纯银和纯铜、纯铝对该波段激光的吸收率也很低。而纯铁和纯铬对红外波长激光的吸收率要高很多。从上述说明可知，贵金属金、银，以及铜的 SLM 可打印性很差，主要原因可归结为其对红外激光的反射率太高，在激光作用下，难以完全熔化，导致粉末间不能形成冶金结合，未熔粉末和孔隙等缺陷多。

针对上述情况，在研究解决贵金属及对激光反射率较高的贱金属时，可以从两个角度入手。第一，可以从材料改性入手，设法提高其对红外激光的吸收率；第二，可以从设备的改进入手，即用吸收率较高的其他波段的激光替代红外激光。事实上，按照上述思路，在实现对红外激光具有高反射率的纯金属的 SLM 3D 打印上面取得了一些进展。

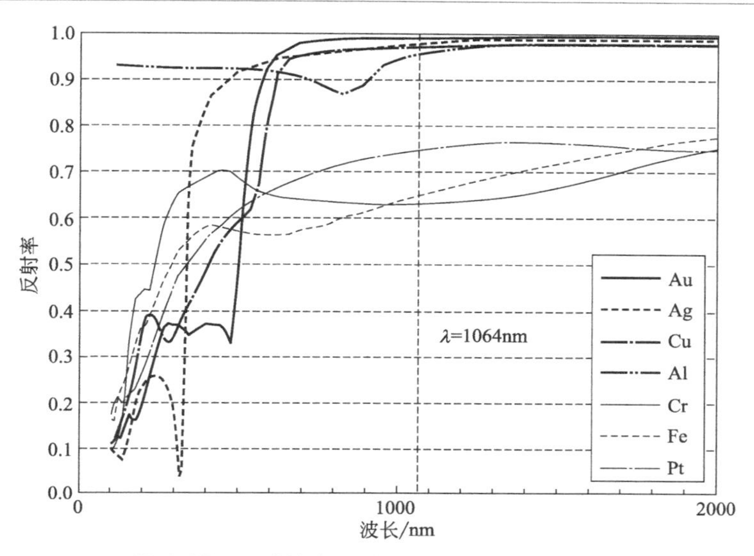

图 6-25 几种纯金属对不同波长激光的反射率

最近，德国科学家在纯金的 SLM 3D 打印上取得了进展，他们发现在纯金中添加微量铁元素，可以显著增加其对红外激光的吸收率，从而使得黄金首饰的直接打印成型变为现实，如图 6-26 所示。可以看出其形状精度高、表面光洁，从显微结构来看，组织致密、没有未熔粉末和孔隙等缺陷。分析其原因，可确定是由于铁对红外激光的吸收率很高（如图 6-25 所示），因此，添加微量的铁就可以显著增大金对红外激光的吸收。可以说，这一研究是从材料角度入手，通过对材料进行针对性的改性处理，使其可打印性增强，从而提高打印件品质的极好案例。

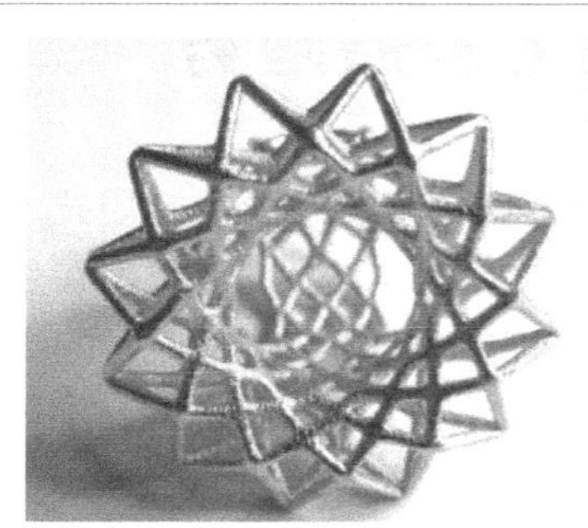

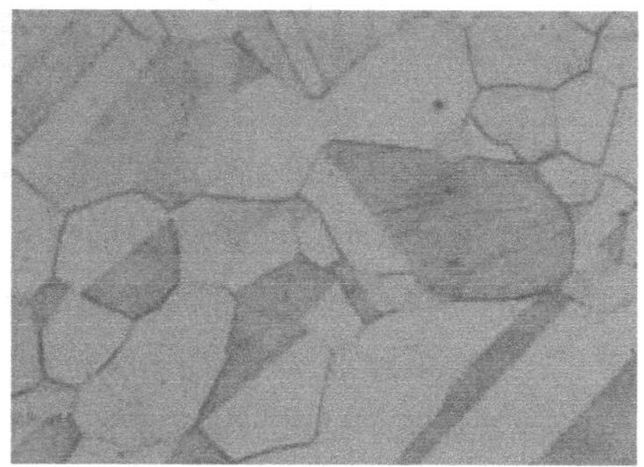

图 6-26 添加微量铁的 SLM 3D 打印金饰品及其显微结构

纯铜具有高导电性和高导热性，在电工电子、热交换器等工业领域，以及工艺品等民用领域具有重要价值。借助 3D 打印，可以实现各种复杂形状构件的成型制造。因此，纯铜的 SLM 3D 打印具有很重要的现实需求。但是，从图 6-25 中可以看出，纯铜对红外波段激光的反射率也很高，导致其难以利用目前市场上主流的 SLM 打印设备进行快速增材制造。近期，有设备厂家根据纯铜对绿光光纤激光的吸收率较高的特性，将红外光纤激光器更换为绿光光纤激光器，经测试验证，通过激光器的更换，可以实现高品质纯铜部件的 SLM 3D 打印，如图 6-27 所示（见彩图）。这一成功案例也充分说明了从设备入手也可以实现高反射率金属的 SLM 3D 打印。

图 6-27 采用绿光光纤激光器实现了高品质铜构件的 SLM 3D 打印

6.4 3D 打印技术应用的发展趋势

3D 打印技术的发展日新月异，新的材料、新的打印技术、新的打印设备，以及新的行业应用层出不穷。目前，3D 打印技术在航空航天和生物医疗领域的应用相对多些。在航空航天领域比较典型的成功应用案例有：美国 GE 公司采用 3D 打印技术制造航空发动机的燃油喷嘴，已可替代传统工艺产品。在医疗领域比较典型的成功应用案例有：3D 打印人体口腔烤瓷牙内冠、钛合金支架等产品，其成本已和传统铸造技术产品持平，且具有周期短、质量高的优势。

6.4.1 3D打印在医疗领域应用的发展趋势

3D打印能满足个性化、定制化需求的特性使其特别适合在医疗领域里应用，而医疗领域的产品所具有的体积小、附加值高、对个性化产品需求强烈等特点又能充分发挥3D打印的技术优势。因此，3D打印在医疗领域的应用发展非常迅速。以下，本节就以3D打印技术在医疗领域里的几个重要发展和应用方向为例，对其应用发展的趋势做简单介绍和评述。

（1）增强3D打印人体植入物、医疗器械等的抑菌性

人们在生活中，每天都要和其他人或物品接触，在这一过程中就有可能感染和传播细菌或病毒。在抗击新冠疫情中，人们发现勤洗手或减少和他人及物品的接触是有益于防止传染病毒的。经过研究发现，很多细菌和病毒在脱离生物体后，能够在物品的表面存活一段时间。如果我们生活中使用的物品表面能够具有一定的抗菌性的话，那将对维护我们的环境和人体的健康大有裨益。

3D打印技术提供了更短的供应链、更快的交货期，以及极为复杂的零件几何形状，这也意味着这些零件可能更难进行清洁和消毒。当前，大多数3D打印的产品并没有附加功能性。如果能够利用3D打印的技术和工艺优势，在打印生产阶段通过在原料中添加具有抗菌性能的材料，将有可能使3D打印产品具有更强的生命力和吸引力。对此，有研究者通过在打印前，将抗菌剂（一种含银粒子的纳米颗粒）和PA聚合物粉末结合在一起，如图6-28(a)所示，再利用激光选区烧结3D打印技术将抗菌性能引入3D打印件中。研究结果表明，所制备的复合材料的力学性能与标准聚合物零件相似，同时，其体现出了良好的抗菌活性。已经证明添加的抗菌粒子对哺乳动物细胞无毒。这种具有抗菌性的3D打印产品能在医疗产品领域发挥重要作用。此外，作为人体植入物的3D打印产品，如果其自身带有抗菌性的话，将有利于减轻植入处的感染，使3D打印植入物在结构性能之外，还体现出有益的抑菌、抗感染功能性。如图6-28(b)所示，为采用添加了抗菌物质的高分子材料打印的牙齿模型。近期，开发含有抗菌活性物质的新型3D耗材（包括金属粉末、光敏树脂、高分子线材等）成为业内的热点。图6-29所示为一种具有抗菌性的FDM 3D打印高分子线材，其中加入了具有抗菌性的一种纳米粒子和铜元素。预计，增强3D打印材料和打印件的抑菌性是3D打印技术应用的一个重要发展方向。

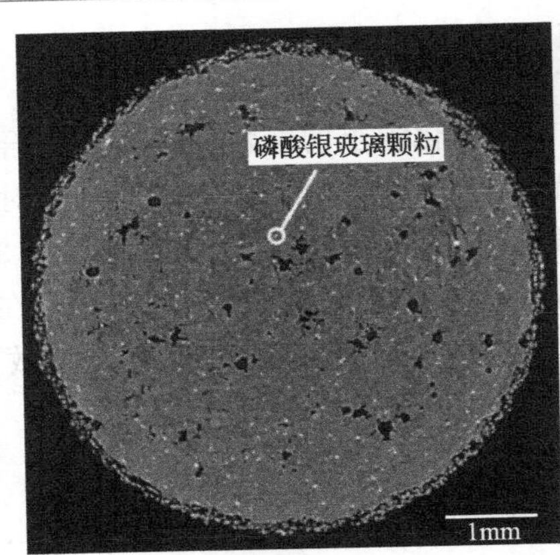

(a) 添加抗菌组分的PA粉末

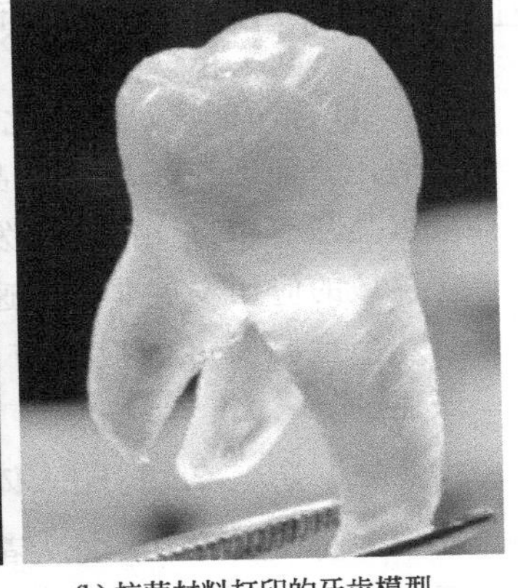

(b) 抗菌材料打印的牙齿模型

图 6-28 添加抗菌组分的 PA 粉末和抗菌材料打印的牙齿模型

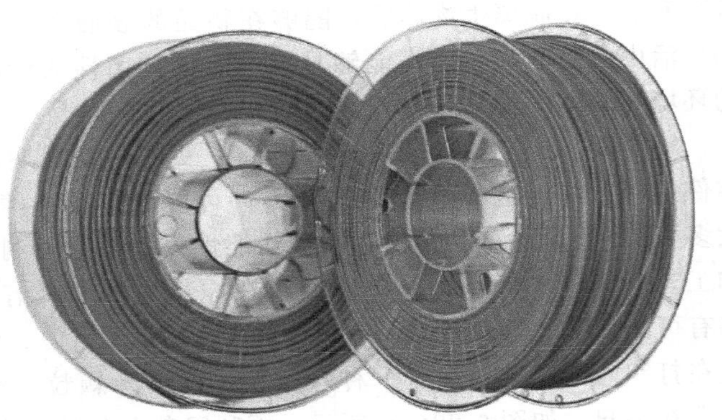

图 6-29 添加抗菌组分的 FDM 3D 打印高分子线材

(2) 增强 3D 打印人体植入物的可降解性

人体金属植入物通常用于治疗复杂骨折。当使用传统材料（如钛和PEEK）进行 3D 打印植入物，并将其植入体内后，随着患者的康复，通常需要实施第二次手术以移除这些金属植入物，给患者增加了手术的痛苦以及治疗成本。

相比之下，如果采用具有生物可降解性的材料（如镁合金）来打印植入物。这类金属植入物能在体内生物降解并作为矿物质营养被人体吸收，从而可以避免进行二次手术。例如，目前在临床应用的 316L 不锈钢支架和 Co-Cr-Mo 合金支架，其在植入血管病变部位后，将长期存留在血管内，不利于病变血管的晚期重构，导致手术的长期预后效果不理想。

而如果采用可降解镁合金制造的心血管支架，则可避免上述问题的发生。同时，还可以利用3D打印技术设计和定制具有特定孔隙度的镁合金支架，进一步提高其治疗效果。图6-30所示为可降解镁合金支架在哺乳动物血管内随植入时间的变化情况，可以看出，该支架在植入后发生了缓慢的降解，和预期的目标是比较接近的。目前，镁合金粉末及其SLM 3D打印技术工艺已相对成熟。图6-31所示为SLM 3D打印的镁合金异形件。可以预见，可降解镁合金植入物会成为3D打印技术在医疗领域应用的一类重要产品。

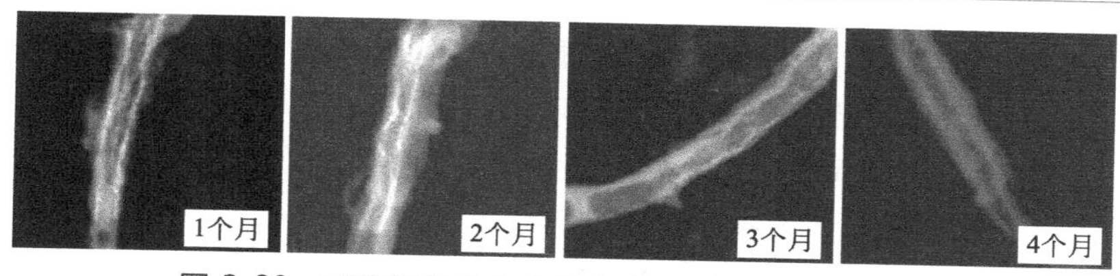

图6-30 可降解镁合金支架在哺乳动物血管内的变化

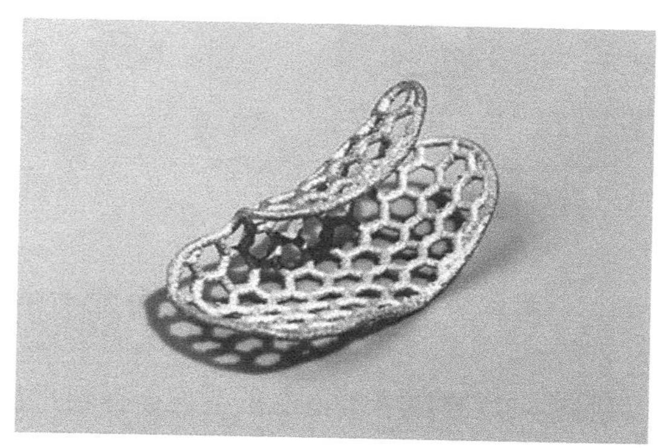

图6-31 SLM 3D打印的镁合金异形件

（3）手术辅助模型的广泛使用，降低手术难度和风险

根据统计，人类的先天性心脏病约占各种先天性畸形的28%，是最常见的一类先天性畸形。先天性心脏病是指在胚胎发育时期由于心脏及大血管的形成障碍或发育异常而引起的解剖结构异常，或出生后应自动关闭的通道未能闭合（在胎儿属正常）的情形。先天性心脏病发病率占出生婴儿的0.4%～1%，这意味着我国每年新增先天性心脏病患者15万～20万。先天性心脏病谱系特别广，包括上百种具体分型，有些患者可以同时合并多种畸形，症状千差万别。先天性心脏病需要尽早进行手术治疗，并根据具体病情来制定个性化的手术方案。

大多数先天性心脏病的病情比较复杂，一般属于四级手术，手术技术难度大，手术过程复杂，风险大。这类手术需要主任医师或高年资副主任医师主刀实施。当前，3D打印技术的应用正在改变先天性心脏病的手术治疗方法。借助于3D打印技术，可以将1∶1精确的三维实体全彩模型打印出来，从而可以为外科医生提供模拟操作，精确定位手术的关键部位和关键步骤，确定最佳手术方案，从而降低手术难度、缩短手术时间并降低手术风险。图6-32所示为心脏的三维结构重建和3D打印实体模型，医生可利用该模型进行术前手术规划（见彩图）。目前，一般四级手术均推荐打印实体模型。国内许多地方，已把手术规划模型的打印列入了医保报销名单。可以预见，越来越多的患者将从3D打印技术的这一应用中受益。

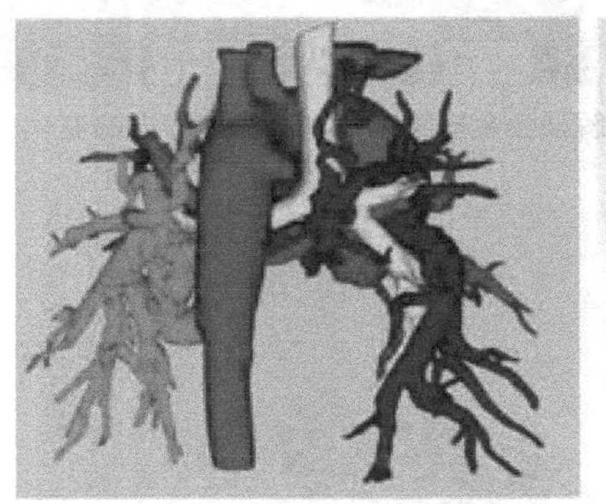
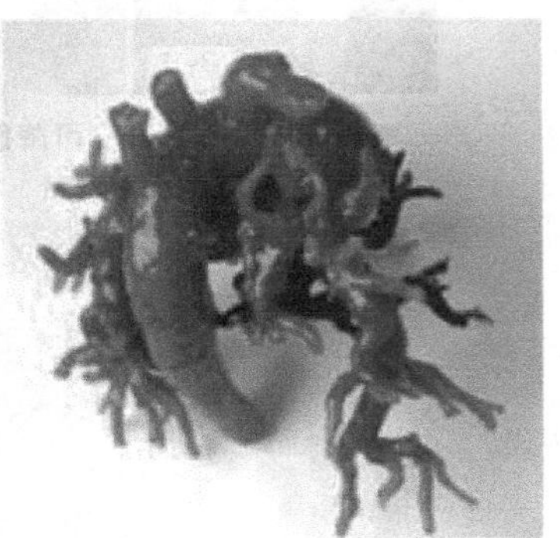

图6-32　心脏的三维结构重建和3D打印实体模型

可以预见，3D打印手术辅助模型将会得到广泛的使用。此外，能起到类似作用的手术导板、医疗教学演示模型、康复器械和夹具等3D打印产品的应用也是重要的发展方向。

6.4.2 3D打印与传统行业的有机结合

从历史上来看，计算机和传统行业的有机结合，极大地促进了双方的发展，实现了共赢局面。当前，3D打印同样面临着如何和传统行业相结合，找到能发挥各自优势的切入点，以推动传统行业的技术升级和3D打印自身的落地和快速发展。美国GE公司采用3D打印技术制造航空发动机的燃油喷嘴，可以说是一个非常有代表性的3D打印推动传统行业产品制造技术升级换代的成功案例。当前，3D打印的发展，急需寻找与之类似的结合点，以在产品应用上取得大量成功案例，来推动3D打印技术的爆发式发展。以下，举例说明3D打印与传统行业的有机结合的重要作用。

（1）3D打印牺牲模辅助制造纤维增强树脂基复合材料部件

纤维增强树脂基复合材料部件的传统制造工艺非常依赖人工，因此在制造一些具有复杂形状的部件时，产品的质量和一致性难以保证；更棘手的是，一些具有空腔结构的部件的制造难度非常大。美国Stratasys公司发展的3D打印牺牲模辅助制造纤维增强复合材料部件为解决该问题提供了一个非常好的可行方案。

图6-33所示为采用低成本的FDM打印机3D打印的牺牲模（白色）和所辅助制造的碳纤维增强树脂基复合材料空腔部件（黑色）。该部件是一个汽车用的碳纤维涡轮增压器进气管，为中空管状结构，管壁则为碳纤维增强树脂基复合材料。可以看出，该部件为弯曲形状的中空管状，采用传统方法制造难度大、周期长、成本高。新的技术方案是利用三维CAD软件，将该部件的空腔填充而形成实心型芯模型，再利用FDM型打印机将该型芯模型打印出来。为了便于后期去除实心型芯，在打印中使用通常用于支承结构的可溶性材料来打印实心型芯。由于所使用的打印材料和打印机均为成熟的商业化产品，该打印过程很容易完成，并得到高质量的打印产品，如图6-33所示。该打印形成的实心型芯即为牺牲模，也就是碳纤维包裹的临时模具。下一步将碳纤维包裹在所打印的牺牲模上（图6-34所示），并使用树脂作为黏结材料。将树脂固化之后即形成碳纤维增强树脂基复合材料部件。最后，将实心型芯溶解去除［见图6-34(b)］，即得到碳纤维增强树脂基复合材料中空管部件，如图6-33所示。所制造的复合材料管件，形状复杂、精度高、表面光滑，其质量远优于传统技术制造的产品。采用这一新的3D打印辅助制造方案具有非

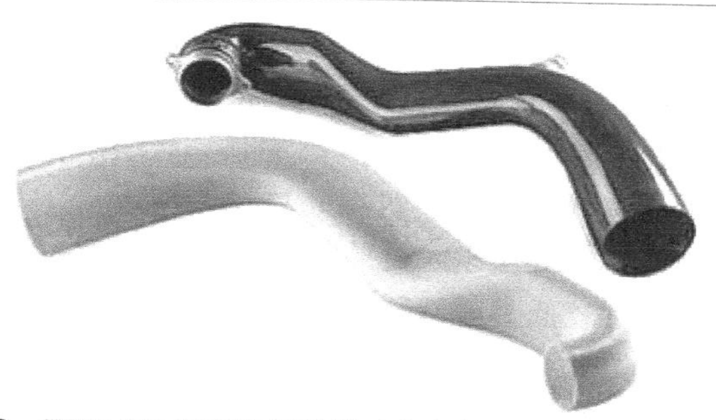

图6-33　FDM 3D打印的牺牲模（白色）和所辅助制造的碳纤维增强树脂基复合材料空腔部件（黑色）

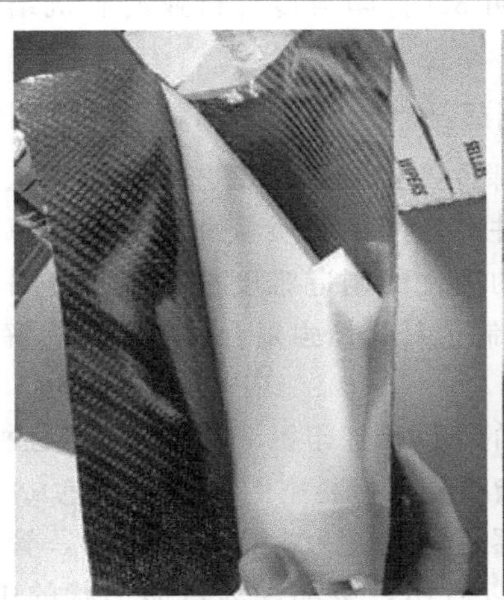

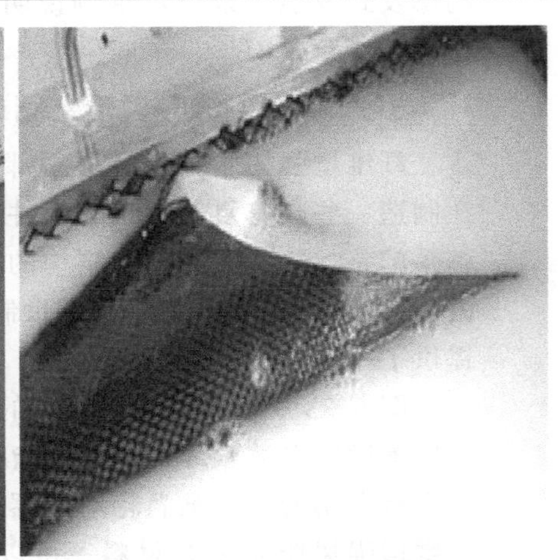

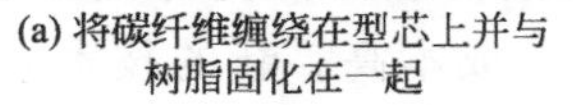

(a) 将碳纤维缠绕在型芯上并与树脂固化在一起

(b) 将型芯溶解去除并制成碳纤维增强树脂基复合材料部件

图 6-34 3D 打印的牺牲模

常明显的优势：缩短平均交付周期，从设计到最终部件节省 50%～85% 的时间；节约平均成本：从设计到最终部件节省 75%～95%的成本；减少人工；成本低；产品一致性好等。可以预见，3D 打印牺牲模辅助制造纤维增强树脂基复合材料部件非常有希望发展成为一种具有广泛应用的复合材料低成本快速成型制造技术工艺。

(2) 3D 打印钛合金义齿支架

钛合金具有密度低、比强度高、化学性能稳定及生物相容性好等优异特性，是一种优良的口腔修复材料。钛合金义齿支架能帮助患者恢复牙体形态和咀嚼功能，且强度高、表面光滑、耐磨损、耐腐蚀，是一种高性能的永久修复体。然而，众所周知，钛合金是一类高活性、难加工材料，特别是义齿支架具有形状复杂、加工精度要求高等特点，如图 6-35 所示。传统上，一般采用铸造工艺来制造钛合金义齿支架，工序复杂，包括模型制备、蜡型制备、包埋、铸造、车削等加工工序，且需要使用专用设备和材料，对操作人员的技术要求也非常严格，铸件的精确度和支架成品率相对较低，限制了其广泛应用。采用 SLM 3D 打印技术制造钛合金义齿支架具有天然的技术优势，将传统方法中的几十道工序简化成了很少的几道工序，且加工的精度和成品率很高。近年来，随着 SLM 打印设备和钛合金粉末的价格不断降低，3D 打印钛合金义齿支架的成本已经和传统铸造支架的成本持平，从而使其市场应用开始爆发式增长。3D

打印钛合金支架也成为3D打印技术与传统行业相结合的一个典范。

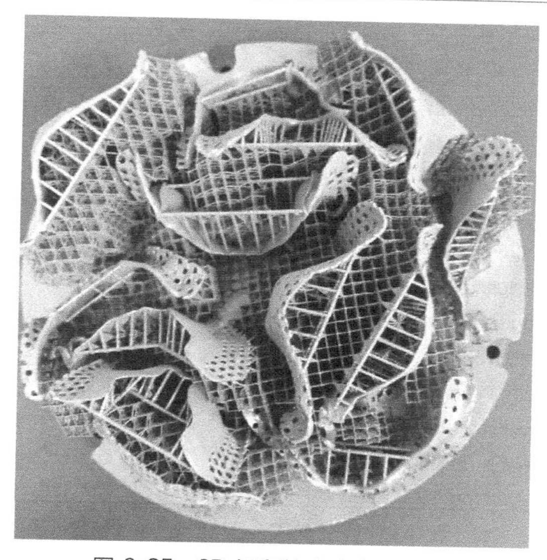

图6-35 3D打印钛合金义齿支架

参考文献

[1] Y. Lakhdar, C. Tuck, J. Binner, et al. Additive manufacturing of advanced ceramic materials. Progress in Materials Science, 2021, 116: 100736.

[2] Yuxuan Wang, Yonghui Zhou, Lanying Lin, et al. Overview of 3D additive manufacturing (AM) and corresponding AM composites, Composites Part A: Applied Science and Manufacturing, 2020, 139: 106114.

[3] Annamaria Gisario, Michele Kazarian, Filomeno Martina, et al. Metal additive manufacturing in the commercial aviation industry: A review. Journal of Manufacturing Systems, 2019, 53: 124-149.

[4] Carmen M. González-Henríquez, Mauricio A. Sarabia-Vallejos, Juan Rodriguez-Hernandez. Polymers for additive manufacturing and 4D-printing: Materials, methodologies, and biomedical applications. Progress in Polymer Science, 2019, 94: 57-116.

[5] Pedram Parandoush, Dong Lin. A review on additive manufacturing of polymer-fiber composites. Composite Structures, 2017, 182: 36-53.

[6] 董鹏，梁晓康，赵衍华，等. 激光增材制造技术在航天构件整体化轻量化制造中的应用现状与展望. 航天制造技术，2018，2(1)：7-11.

[7] 宋长辉，翁昌威，杨永强，等. 激光选区熔化设备发展趋势与现状. 机电工程技术，2017，46：1-5.

[8] 杜宇雷，孙菲菲，原光，等. 3D 打印材料的发展现状. 徐州工程学院学报：自然科学版，2014，(01)：20-24.

[9] 王震，巩维艳，祁俊峰，等. 基于增材制造的设计理论和方法研究现状. 新技术新工艺，2017，(10)：31-34.

[10] 黎兴刚，刘畅，朱强. 面向金属增材制造的气体雾化制粉技术研究进展. 航空制造技术，2019，62(22)：22-34.

[11] 董鹏，陈济轮. 国外选区激光熔化成形技术在航空航天领域应用现状. 航天制造技术，2014，2(1)：1-5.

[12] Dawes J., Bowerman R., Trepleton R. Introduction to the additive manufacturing powder metallurgy supply chain. Johnson Matthey Technology Review, 2015, 59: 243-256.

[13] Kaczmar J. W., Pietrzak K., Włosiński W. The production and application of metal matrix composite materials. Journal of materials processing technology, 2000, 106: 58-67.

[14] Berman B. 3-D printing: The new industrial revolution. Business horizons, 2012, 55: 155-162.

[15] 郭华清，徐冬梅. 3D 打印用高分子材料的研究进展. 工程塑料应用，2016，44：118-121.

[16] 滕琴. 基于生物相容性的 3D 打印用高分子材料研究. 现代盐化工. 2017(05)：33-34.

[17] 潘腾，朱伟，闫春泽，等. 激光选区烧结 3D

打印成形生物高分子材料研究进展. 高分子材料科学与工程，2016，32：178-183.
[18] 毛宏理，顾忠伟. 生物 3D 打印高分子材料发展现状与趋势. 中国材料进展，2018，37：949-969.
[19] 刘洪军，李亚敏，黄乃瑜，等. SLS 工艺制造的高分子原型材料选择. 塑料工业，2006，34：61-63.
[20] 付华，汪艳，陈友斌，等. 聚醚醚酮/羟基磷灰石纳米复合粉末的制备. 工程塑料应用，2014（3）：30-33.
[21] 王鹤. 3D 打印用双酚 A 型环氧丙烯酸光敏树脂的制备. 合成树脂及塑料，2018，35：34-37.
[22] 谢彪，王小腾，邱俊峰，等. 光固化 3D 打印高分子材料. 山东化工，2014（11）：70-72.
[23] Melchels F P W，Feijen J，Grijpma D W. A review on stereolithography and its applications in biomedical engineering. Biomaterials，2010，31：6121-6130.
[24] Goodridge R D，Shofner M L，Hague R J M，et al. Processing of a Polyamide-12/carbon nanofibre composite by laser sintering. Polymer Testing，2011，30：94-100.
[25] Chunze Y，Yusheng S，Jinsong Y，et al. A Nanosilica/Nylon-12 Composite Powder for Selective Laser Sintering. Journal of Reinforced Plastics and Composites，2009，28：2889-2902.
[26] Lawrence E. Murr，Sara M. Gaytan，Diana A. Ramirez，et al. Metal Fabrication by Additive Manufacturing Using Laser and Electron Beam Melting Technologies，Journal of Materials Science & Technology，2012，28：1-14.
[27] C Y Yap，C K Chua，Z L Dong，et al. Review of selective laser melting：Materials and applications. Applied Physics Reviews，2015，2（4）.
[28] Chunyang Xia，Zengxi Pan，Joseph Polden，et al. A review on wire arc additive manufacturing：Monitoring，control and a framework of automated system. Journal of Manufacturing Systems，2020，57：31-45.
[29] P Rometsch，QB Jia，KV Yang，et al. 14-Aluminum alloys for selective laser melting-towards improved performance. Additive Manufacturing for the Aerospace Industry，2019：301-325.
[30] Amit Bandyopadhyay，Yanning Zhang，Susmita Bose. Recent developments in metal additive manufacturing. Current Opinion in Chemical Engineering，2020，28：96-104.
[31] 张文奇，朱海红，胡志恒，等. AlSi10Mg 的激光选区熔化成形研究. 金属学报，2017，53：918-926.
[32] X Y，Lu，M Nursulton，Y L Du，et al. Structural and Mechanical Characteristics of $Cu_{50}Zr_{43}Al_7$ Bulk Metallic Glass Fabricated by Selective Laser Melting. Materials，2019，12：775.
[33] Y L Du，H W Xu，G Chen，et al. Structural and mechanical properties of a Cu-based bulk metallic glass with two oxygen levels. Intermetallics，2012，30：90-93.
[34] J J Kruzic. Bulk metallic glasses as structural materials：A Review. Advanced Engineering Materials. 2016，18：1308-1331.
[35] 王梦瑶，朱海红，祁婷，等. 选区激光熔化成形 Al-Si 合金及其裂纹形成机制研究. 激光技术，2016，40：219-222.
[36] A B Spierings，K Dawson，T Heeling，et al. Microstructural features of Sc-and

Zr-modified Al-Mg alloys processed by selective laser melting. Materials & Design, 2017, 1155: 52-63.

[37] A B Spierings, K Dawson, P Dumitraschkewitz, et al. Microstructure characterization of SLM-processed Al-Mg-Sc-Zr alloy in the heat treated and HIPed condition. Additive Manufacturing, 2018, 20: 173-181.

[38] K V Yang, Y J Shi, F Palm, et al. Columnar to equiaxed transition in Al-Mg (-Sc)-Zr alloys produced by selective laser melting. Scripta Materialia, 2018, 1451: 113-117.

[39] J H Martin, B D Yahata, JM Hundley, et al. 3D printing of high-strength aluminium alloys. Nature, 2017, 549: 365-369.

[40] L B Li, R D Li, T C Yuan, et al. Microstructures and tensile properties of a selective laser melted Al-Zn-Mg-Cu (Al7075) alloy by Si and Zr microalloying. Materials Science and Engineering: A, 2020, 787.

[41] Jennifer A. Lewis. Direct Ink Writing of 3D Functional Materials. Advanced Functional Materials, 2010, 16: 2193-2204.

[42] Zhiqiang Liang, Yong Pei, Chaoji Chen, et al. General, Vertical, Three-Dimensional Printing of Two-Dimensional Materials with Multiscale Alignment. ACS Nano, 2019.

[43] Kelly B E, Bhattacharya I, Heidari H, et al. Volumetric additive manufacturing via tomographic reconstruction. Science, 2019, 363: 1075-1079.

[44] Khuram Shahzad, Jan Deckers, Zhongying Zhang, et al. Additive manufacturing of zirconia parts by indirect selective laser sintering. Journal of the European Ceramic Society, 2014, 34: 81-89.

[45] F Trevisan, F Calignano, M Lorusso, et al. On the Selective Laser Melting (SLM) of the AlSi10Mg Alloy: Process, Microstructure, and Mechanical Properties. Materials, 2017, 10: 76.

[46] Chang S, Li L, Lu L, et al. Selective Laser Sintering of Porous Silica Enabled by Carbon Additive. Materials, 2017, 10: 1313.

[47] Franchin G, Maden H S, Wahl L, et al. Optimization and Characterization of Preceramic Inks for Direct Ink Writing of Ceramic Matrix Composite Structures. Materials, 2018, 11: 515.

[48] Cheng J, Chen Y, Wu J W, et al. 3D Printing of $BaTiO_3$ Piezoelectric Ceramics for a Focused Ultrasonic Array. Sensors, 2019, 19: 4078.

[49] Dongyang Zhang, Ping Hu, Jiaxin Feng, et al. Characterization and mechanical properties of Cf/ZrB_2-SiC composites fabricated by a hybrid technique based on slurry impregnation, polymer infiltration and pyrolysis and low-temperature hot pressing. Ceramics International, 2019, 45: 5467-5474.

[50] Arianna Pesce, Aitor Hornés, Marc Núñez, et al. 3D printing the next generation of enhanced solid oxide fuel and electrolysis cells. Journal of Materials Chemistry A, 2020, 8: 16926-16932.

[51] 邢小颖，汤彬，马运. 3D打印技术在石膏型精密铸造中的应用及工艺分析. 铸造技术，2018，39：2282-2284.

[52] Stampfl J. DLP based light engines for additive manufacturing of ceramic parts. Proceedings of SPIE-The Inter-

national Society for Optical Engineering, 2012, 8254: 11.
[53] Cappi B, OZkol E, Ebert J, et al. Direct inkjet printing of Si_3N_4: Characterization of ink, green bodies and microstructure. Journal of the European Ceramic Society, 2008, 28: 2625-2628.
[54] Shishkovsky I, Yadroitsev I, Bertrand P, et al. Alumina-zirconium ceramics synthesis by selective laser sintering/melting. Applied Surface Science, 2007, 254: 966-970.
[55] Wai-Ching Liu, Irina S Robu, Rikin Patel, et al. The effects of 3D bioactive glass scaffolds and BMP-2 on bone formation in rat femoral critical size defects and adjacent bones. Biomedical Materials, 2014, 9.
[56] Skylar-Scott M A, Gunasekaran S, Lewis J A. Laser-assisted direct ink writing of planar and 3D metal architectures. Proceeding of the National Academy of sciences of the United States of America, 2016, 113: 6137-6142.
[57] Adams J J, Slimmer SC, Lewis J A, et al. 3D-printed spherical dipole antenna integrated on small RF node. Electron Letters, 2015, 51: 661-662
[58] Hou Y H, Liu B, Liu Y, et al. Ultra-low cost Ti powder for selective laser melting additive manufacturing and superior mechanical properties associated. Opto-Electron Advances, 2019, 2 (05): 10-17.
[59] Wangwang Ding, Gang Chen, Mingli Qin, et al. Low-cost Ti powders for additive manufacturing treated by fluidized bed. Powder Technology, 2019, 350: 117-122.
[60] Zhao Z, Zhou G, Yang Z, et al. Direct ink writing of continuous SiO_2 fiber reinforced wave-transparent ceramics. Journal of Advanced Ceramics, 2020, 9: 403-412.
[61] Kotz F, Arnold K, Bauer W, et al. Three-dimensional printing of transparent fused silica glass. Nature, 2017, 544: 337-339.
[62] Castles F, Isakov D, Lui A, et al. Microwave dielectric characterisation of 3D-printed $BaTiO_3$/ABS polymer composites. Scientific reports, 2016, 6.
[63] Turner R D, Wingham J R, Paterson T E, et al. Use of silver-based additives for the development of antibacterial functionality in Laser Sintered polyamide 12 parts. Scientific reports, 2020, 10: 892.
[64] Liang Fang, Yan Wang, Yang Xu. Preparation of Polypropylene Powder by Dissolution-Precipitation Method for Selective Laser Sintering. Advances in Polymer Technology, 2019 (5): 1-9.
[65] Marco PELANCONI, Ehsan REZAEI, Alberto ORTONA. Cellular ceramic architectures produced by hybrid additive manufacturing: a review on the evolution of their design. Journal of the Ceramic Society of Japan, 2020, 128: 595-604.
[66] Jabran Saroia, Yanen Wang, Qinghua Wei, et al. A review on 3D printed matrix polymer composites: its potential and future challenges. The International Journal of Advanced Manufacturing Technology, 2020, 106: 1695-1721.
[67] Sunpreet Singh, Seeram Ramakrishna, Filippo Berto. 3D Printing of polymer composites: A short review. Material Design & Processing Communications, 2020, 2 (2).

[68] 魏娟娟，米国发，许磊，等. 激光增材制造铝合金及其复合材料研究进展. 热加工工艺，2019(8)：27-31.

[69] 李伶，高勇，王重海，等. 陶瓷部件3D打印技术的研究进展. 硅酸盐通报，2016，35：2892-2897.

[70] 任雨松，花国然，罗新华，等. SiC纳米陶瓷粉末激光烧结成形试验研究. 激光技术，2006，30：402-405.

[71] 宋发成，刘元义，王橙，等. 3D打印技术在陶瓷制造中的应用. 山东理工大学学报：自然科学版，2018(5)：11-16.

[72] Yun J S，Park T W，Jeong Y H，et al. Development of ceramic-reinforced photopolymers for SLA 3D printing technology. Applied Physics A，2016，122：629.

[73] Weng Z，Zhou Y，Lin W，et al. Structure-Property Relationship of Nano Enhanced Stereolithography Resin for Desktop SLA 3D Printer. Composites Part A，2016，88：234-242.

[74] 徐林，史玉升，闫春泽，等. 选择性激光烧结铝/尼龙复合粉末材料. 复合材料学报，2008，25：25-30.

[75] Minasyan T，Aydinyan S，Toyserkani E，et al. In Situ Mo(Si，Al)2-Based Composite through Selective Laser Melting of a $MoSi_2$-30 wt. % AlSi10Mg Mixture. Materials，2020，13：3720.

[76] Banerjee R，Collins P C，Fraser H L. Laser Deposition of In Situ Ti-TiB Composites. Advanced Engineering Materials，2002，4：847-851.

[77] Wang F，Mei J，Jiang H，et al. Laser fabrication of Ti6Al4V/TiC composites using simultaneous powder and wire feed. Materials Science & Engineering A，2007：445-446，461-466.

[78] Fousova M，Dvorsky D，Vronka M，et al. The Use of Selective Laser Melting to Increase the Performance of AlSi9Cu3Fe Alloy. Materials，2018，11：1918.

[79] Lykov P A，Safonov E V，Akhmedianov A M. Selective Laser Melting of Copper. Materials Science Forum，2016，843：284-288.

[80] Kalsoom U，Nesterenko P N，Paull B. Recent developments in 3D printable composite materials. RSC Advances，2016，6：60355-60371.

[81] Blok L G，Woods B K S，Yu H，et al. 3D PRINTED COMPOSITES-BENCHMARKING THE STATE-OF-THE-ART// 21st International Conference on Composite Materials. Xi' an，2017.

[82] ASTM F42/ISO TC 261 Develops Additive Manufacturing Standards.

[83] Kestursatya M，Kim J K，Rohatgi P K. Friction and Wear Behavior of Centrifugally Cast Lead Free Copper Alloy Containing Graphite Particles. Metallurgical and Materials Trans actions A (Physical Metallurgy and，Materials Science)，2001，32A：2115-2125.

[84] Yan C，Hao L，Xu L，et al. Preparation，characterization and processing of carbon fibre/polyamide-12 composites for selective laser sintering. Composites Science and Technology，2011，71：1834-1841.

[85] Zhao X，Song B，Fan WR，et al. Selective laser melting of carbon/AlSi10Mg composites：Microstructure，mechanical and electronical properties. Journal of Alloys and Compounds，2016，665：271-281.

[86] Li X P，Ji G，Chen Z，et al. Selective laser melting of nano-TiB_2 decorated

AlSi10Mg alloy with high fracture strength and ductility. Acta Materialia, 2017, 129: 183-193.

[87] 章敏立，吴一，廉清，等，激光选区熔化成形原位自生 TiB_2/Al-Si 复合材料的微观组织和力学性能. 复合材料学报，2018, 35: 3114-3121.

[88] Malaya Prasad Behera, Troy Dougherty, Sarat Singamneni. Conventional and Additive Manufacturing with Metal Matrix Composites: A Perspective. Procedia Manufacturing, 2019, 30: 159-166.